TRAITÉ

ÉLÉMENTAIRE ET PRATIQUE

D'ARBORICULTURE

TAILLE ET CONDUITE

DES ARBRES FRUITIERS

AVEC 17 PLANCHES

PAR

LOUIS MENET

Jardinier en chef chez M. Georges Steinbach à Mulhouse.

COLMAR

IMPRIMERIE ET LITHOGRAPHIE DE CAMILLE DECKER.

1863.

AVANT-PROPOS.

En publiant ce *Traité élémentaire et pratique d'arboriculture*, mon but a été de populariser un art que je pratique depuis nombre d'années, et d'être utile à mes jeunes confrères, ainsi qu'aux amateurs qui ne demandent qu'à s'instruire des meilleures méthodes et à se mettre au courant des progrès que la culture des arbres fruitiers fait chaque année.

Je ne prétends pas avoir innové; j'ai simplement relaté, dans un nombre de pages assez restreint, les bons principes des auteurs renommés, en y ajoutant, toutefois, ce que ma longue expérience m'a appris. J'ai traité particulièrement des formes les plus propres à la conduite des arbres fruitiers. Plusieurs de ces formes paraissent, au premier abord, d'une exécution difficile et compliquée; mais en suivant exactement la marche que j'ai indiquée, on parviendra à obtenir les plus heureux résultats. Les figures que représentent les planches qui accompagnent cet opuscule, sont la copie d'arbres que j'ai formés, à Mulhouse, dans le jardin que je dirige.

Pour satisfaire la juste curiosité des personnes qui seraient bien aises de se convaincre que l'exécution sur le terrain répond aux explications publiées, je m'empresse de déclarer que, pendant la végétation des arbres, je serai toujours disposé à les leur montrer, tous les dimanches, de 10 heures du matin à midi.

Si cet ouvrage peut devenir un guide sûr pour les jardiniers, et s'il peut en même temps être consulté avec fruit par tous ceux qui s'occupent d'arboriculture, mes efforts seront amplement payés; c'est toute mon ambition et la seule que je désire obtenir.

Louis MENET.

TRAITÉ
ÉLÉMENTAIRE ET PRATIQUE
D'ARBORICULTURE.

Des Greffes.

Planche I.

Il y a plusieurs sortes de greffes plus ou moins utilisées dans l'arboriculture. Je ne parlerai que de celles indispensables dans la conduite des arbres fruitiers, ce sont : *la greffe en écusson à œil poussant* et *à œil dormant*, *la greffe par approche* et *la greffe en arc-boutant.*

La greffe en écusson, soit à œil poussant ou à œil dormant, s'opère de la manière suivante : Après avoir détaché de l'arbre le rameau présentant des yeux bien constitués, on coupe aussitôt toutes les feuilles au milieu de leur pétiole; on sépare ensuite l'écusson du rameau à l'aide du greffoir en faisant, à 5 millimètres au-dessus de l'œil, une incision transversale et profonde et en coulant la lame entre l'écorce et le bois dont on ne conserve que le moins possible sous l'œil. Cette lanière d'écorce doit avoir environ 5 millimètres de largeur sur 30 de longueur, et être terminée inférieurement en pointe. Pour que la reprise de l'écusson s'accomplisse, il faut que, vers sa partie centrale, il ne présente aucune cavité et qu'il montre une tache verdâtre qui est la racine du bouton, et celle de la feuille. Après avoir levé l'écusson, on coupe jusqu'au bois l'écorce du sujet en forme de T, soit droit, soit renversé; on soulève les lèvres que forme l'incision avec la spatule du greffoir et on y glisse l'écusson ; puis on rapproche les deux lèvres de l'entaille au moyen d'une ligature de laine.

Cette greffe se pratique pendant toute la durée de la végétation ; principalement de mai en juillet pour la greffe en écusson à œil poussant, et depuis la mi-juillet jusqu'à la mi-septembre pour la greffe en écusson à œil dormant.

La greffe par approche est très-usitée aujourd'hui pour compléter le nombre des branches latérales de la charpente d'un arbre. On la pratique, en faisant, de la grosseur proportionnée au rameau, une entaille verticale dans la tige et au-dessus du rameau que l'on veut appliquer ; on fait une incision au rameau telle que cette partie s'engage complétement dans l'entaille de la tige, de manière que les deux libers coïncident parfaitement. Ceci fait, on fixe les parties au moyen d'une ligature solide. Lorsque la reprise de la greffe est faite, on procède au *sevrage :* cette opération consiste à couper la greffe immédiatement au-dessous de son point d'attache.

On greffe en approche pendant que la sève est en mouvement.

Pour *greffer en arc-boutant*, on coupe jusqu'au bois l'écorce du sujet en forme de T renversé ; on soulève les lèvres de la plaie avec la spatule du greffoir et on y introduit le rameau que l'on a préalablement coupé en bec de flûte, puis on le ligature avec de la laine ou du coton. Cette greffe n'est employée que pour terminer les rameaux d'un arbre.

Plantation des Arbres fruitiers.

Avant d'établir une plantation d'arbres fruitiers, il est essentiel de bien préparer le terrain où ils doivent vivre. Ainsi, pour les pêchers, les abricotiers et les poiriers en espalier ou en pyramide, il faut donner aux trous une ouverture carrée de 1 mètre sur 90 centimètres de profondeur, en ayant soin, en creusant les fosses, de faire deux tas distincts : l'un de la couche d'humus, l'autre de la couche inférieure. Après avoir bien remué le fond en y laissant la même terre, on y ajoute la terre de la surface mélangée avec un tiers de fumier bien consommé, ou, à défaut de fumier, des balayures de rue.

Pour les pêchers ou poiriers obliques plantés à 80 centimètres l'un de l'autre, il faut ouvrir, sur toute la longueur de la plantation, une tranchée de 70 centimètres de profondeur sur 80 centimètres de largeur. Les trous doivent toujours être faits un mois, au moins, avant la plantation, afin que la couche inférieure ait le temps de se déliter, de statuer l'air.

Si on veut planter des pommiers en cordons ou en gobelet, il suffit de faire des trous de 40 centimètres carrés sur 40 centimètres de profondeur.

Quant aux arbres à haute tige, il faut donner aux trous une ouverture carrée de 1 mètre 30 centimètres sur 1 mètre 20 centimètres de profondeur. Si on plante un arbre dans une prairie ou dans un verger, on place le gazon au fond du trou, puis la terre qui a reçu des engrais ou l'influence de l'air, et on le comble avec la terre du fond.

L'époque de la plantation étant arrivée, on rafraîchit les racines de l'arbre que l'on veut mettre en place, c'est-à-dire qu'on en coupe les extrémités qui auraient été meurtries en l'arrachant, et on dirige le biseau de la serpette de façon à ce que la coupe pose sur la terre; mais il faut avoir bien soin de conserver les racines chevelues et celles qui n'ont pas été attaquées. On établit ensuite l'arbre dans son trou. Pour les arbres qui doivent être conduits en espalier, tels que le pêcher, l'abricotier et le cerisier, on les place de manière qu'il y ait deux yeux bien placés, un à droite et l'autre à gauche: ces deux yeux doivent former les deux branches principales; le pied de l'arbre doit être éloigné de 15 centimètres du mur, la tête légèrement inclinée en arrière pour que les racines, en poussant, ne trouvent pas trop de résistance, et qu'elles puissent s'étendre plus facilement dans la plate-bande pour y puiser leur nourriture. Le pêcher sortant de la pépinière n'a généralement qu'un seul jet; on le coupe à 50 centimètres environ au-dessus de la greffe.

Les abricotiers sortant de la pépinière présentent quelquefois un jet muni de ramifications; dans ce cas, on choisit les deux branches les mieux placées, l'une pour former l'aile gauche et l'autre pour former l'aile droite. En même temps on coupe la tige à 25 centimètres au-dessus de ces deux branches. S'il ne se trouve point de ramifications, il faut les traiter comme le pêcher.

La surface du sol qui entoure les espaliers doit être

couverte d'un fumier bien consommé. Au printemps, on remue la terre avec une binette à dents, à 20 centimètres de chaque côté de l'arbre; on enlève une légère couche de terre sur les racines et on y étale du fumier que l'on recouvre de terre. Ce procédé maintient toujours la terre fraîche, et permet à l'air de pénétrer.

Expositions et soins à donner aux arbres.

Le pêcher demande une exposition ni trop chaude, ni trop froide. On le plante aussi exposé au sud; mais cette exposition n'est pas aussi bonne, par la simple raison que le soleil darde ses rayons sur l'arbre avant que les gelées du printemps se soient dissipées: c'est ce qui brûle les fleurs et les fait tomber. Les expositions de l'est et de l'ouest sont les meilleures et les plus avantageuses.

L'abricotier en espalier peut être exposé à l'est et à l'ouest, ces deux expositions sont bonnes; cependant, je préfère l'ouest, parce que le soleil n'est pas à craindre aux dernières gelées du printemps.

Le cerisier n'exige pas d'être planté en espalier; cependant, si on veut lui donner cette forme, on le plante à l'exposition de l'est ou de l'ouest. On peut aussi le planter en pyramide et en contre-espalier; mais, je ne conseille pas cette dernière forme qui ne rapporte que très-peu de fruits et qui est très-assujettie à la gomme.

Le poirier se plante aussi en espalier, soit au nord, à l'est ou à l'ouest; mais jamais au midi: car le soleil brûlerait les fruits, les tacherait et leur enlèverait leur bon goût; dans les étés très-chauds, les feuilles et les jeunes pousses jaunissent. On peut le planter en massif, en plate-bande et en cordons.

Le pommier se plante également en plate-bande, en massif et en cordons.

Les transitions subites de la température, pendant le cours de la végétation, sont un obstacle à la bonne réussite des arbres fruitiers. Je ne conseille pas de les couvrir pendant l'hiver: on comprendra aisément qu'une couverture légère ne servirait à rien, une autre plus épaisse attendrirait le bois et les boutons à fleurs. C'est un peu avant la floraison qu'il est très-utile de les couvrir. Sans cette précaution, les dernières gelées printanières gèlent les fleurs, les premiers rayons du soleil les brûlent, et alors elles tombent.

On abrite le pêcher et l'abricotier contre les dernières gelées, avec des paillassons de 90 centimètres de largeur que l'on fixe, en forme de toit, au haut du mur contre lequel les arbres sont plantés. Pour être plus certain de la fructification, on remplace le paillasson par de la grosse et large toile d'emballage, qu'il faut baisser tous les soirs et relever tous les matins. Ces couvertures restent jusqu'à ce que les gelées ne soient plus à craindre.

Je conseille de couvrir l'abricotier au mois de février, attendu qu'il est très-sensible au froid. Déjà, à cette époque, la végétation commence à se faire sentir; les boutons de l'abricotier commencent à gonfler, et, le plus souvent, ses fleurs gèlent avant de s'épanouir: c'est pour ce motif, qu'il faut le couvrir plus tôt que le pêcher.

En hiver, on garantira les racines contre les grands froids, en les couvrant d'une légère couche de fumier bien consommé.

Pêchers en palmette double.

Planche III.

Pour former un arbre de ce genre, il ne doit avoir qu'une année de greffe lors de sa plantation. On le place de manière qu'il ait un œil à droite, et un autre à gauche, qui doivent former les premières branches ; on coupe ensuite la tige à 60 ou 70 centimètres au-dessus de la greffe ; et, s'il se trouve des ramifications, on les taille, sur un œil à bois, à 10 centimètres de leur insertion. Il ne faut pas couper l'arbre trop court ; sans cela, il n'y a plus rien qui appelle la sève, et l'arbre ne pousse pas vigoureusement.

Dans le courant de l'été, aussitôt que les yeux se sont développés, on pince tous les petits rameaux sur deux feuilles (1), à l'exception des deux branches qui doivent former l'arbre. En supprimant totalement ces petits rameaux, on nuirait au développement des racines. Les deux branches principales doivent être tenues dans la forme du V ouvert ; si l'une pousse plus vigoureusement que l'autre, il faut abaisser la plus forte jusqu'à ce que l'autre ait acquis la même dimension. Cette précaution est très-urgente, surtout lorsque l'arbre est encore jeune, parce qu'alors, il est plus docile à la main qui le conduit. La première année on ne pince pas tous les rameaux qui se trouvent sur ces deux branches ; il n'y a que les bourgeons anticipés qui subissent cette opération.

(1) Voir fig. 1, pl. 2.

La deuxième année, au printemps, on coupe la tige du milieu, au-dessus de la branche supérieure, et l'on met un peu de cire sur la plaie pour l'empêcher de sécher; on taille les rameaux de la branche-mère, sur un œil à bois, le plus rapproché possible. Si, cependant, il y avait des boutons à fruits, il faudrait tailler un peu plus long. On ne taille le sommet des branches charpentières que quand l'œil terminal n'est pas bien constitué, et quand la sommité des branches n'a pas d'yeux aux aisselles des feuilles; alors, il faut tailler à la hauteur du premier œil que l'on rencontre en descendant, et qui est situé en dessous. Par ce moyen la coupe se ferme avec plus de facilité, et les rameaux prennent une bonne direction. Pendant l'été qui suit cette taille, on pince, sur deux feuilles, les rameaux qui prennent un grand empâtement, et, sur trois feuilles [1], ceux qui ne poussent pas trop fortement; si l'œil qui termine ce pincement se développe de nouveau, on le repince sur une feuille [2], et s'il repousse encore, on le pince sur le talon du deuxième pincement, c'est-à-dire sur le même point que la deuxième fois; les branches faibles ou brindilles sont pincées sur quatre ou cinq feuilles. Pendant le cours de ces opérations, il faut veiller avec soin à ce que les deux branches latérales soient toujours d'égale force.

Au printemps de la troisième année, si le pincement a été bien fait, il n'y a pas d'empâtement, et les plus fortes branches ne vivent pas aux dépens des plus faibles. La taille, à cette époque, consiste à dimi-

(1) Voir fig. 1, pl. 2.
(2) Voir fig. 3, pl. 2.

nuer les bifurcations qui se sont produites sur les branches fruitières par le pincement. S'il existe trois ou quatre branches sur le même point, il faut tailler sur un œil à bois, celle qui, par son insertion, se trouve la plus rapprochée de la branche charpentière et conserver, parmi les trois autres, celle qui aura les plus beaux boutons à fleurs; les autres sont coupées, afin de ne pas former de têtes de saules. En taillant, il faut conserver un œil à bois au-dessous de la coupe; sans cette précaution, le rameau, après la maturité de fruits, sécherait: le fruit fonctionne comme les feuilles et mûrit parfaitement sans ces dernières; mais après la cueillette des fruits le rameau sèche, car le pêcher repousse difficilement sur le vieux bois. On taille les sommités des branches charpentières comme il est indiqué plus haut; ensuite on abaisse les deux branches, presque dans la position horizontale, en ayant soin de ménager les deux branches fruitières du centre qui sont le mieux disposées. A cet effet, on place deux treillages perpendiculaires, ayant entre eux une distance d'environ 40 à 50 centimètres; quand les deux branches fruitières que l'on a abaissées et dirigées sur ce treillage, ont atteint la hauteur de 60 centimètres, on les arque, l'une à droite et l'autre à gauche, en faisant de manière qu'il y ait un œil sur le talon de l'arqûre pour faire le prolongement. Il doit y avoir 25 à 30 centimètres de la première branche latérale à la seconde, et ainsi de suite; si l'une pousse plus vigoureusement que l'autre, on doit l'arquer la première, l'attacher au treillage et la pincer autant de fois que le besoin se fera sentir; la plus faible, on la laisse libre, pour qu'elle prenne plus de force. Il faut bien se garder de faire deux étages de branches la même année, car ce serait porter préjudice aux branches inférieures; elles se trouveraient dépourvues de la nourriture qui se porterait abondamment dans les parties élevées. Chaque fois que l'on veut faire un nouvel étage de branches, on opère comme il est indiqué plus haut.

Quand l'arbre a atteint la dimension voulue, on arque le bout des branches du bas, dans la position verticale, et, à mesure que les autres branches y arrivent, on les greffe en arc-boutant. L'arbre est alors formé complétement, et la sève se communique d'une branche à l'autre.

Pincement et taille de l'abricotier.

L'opération du pincement a pour but de ralentir le développement des bourgeons qui poussent trop vigoureusement, et de favoriser la croissance des plus faibles. Elle consiste dans la suppression de l'extrémité herbacée des bourgeons. L'époque du pincement de l'abricotier ne peut être déterminée ; on le pratique généralement pendant quatre mois de l'année, depuis la fin de mai jusqu'à la fin de septembre.

Pour que cette opération donne tous les résultats que l'on désire, il ne faut pas attendre que les bourgeons aient atteint un trop grand développement. En retardant le pincement des bourgeons qui absorbent une grande quantité de sève au préjudice de l'arbre, on détermine, en les pinçant, une crise dans l'harmonie végétale, et c'est ce qui occasionne la gomme, à l'abricotier surtout. On ne doit pas supprimer, comme le font beaucoup de personnes, les branches fruitières qui se trouvent sur le devant des branches charpentières ; on les pince plus courtes que les autres, afin qu'elles n'avancent pas trop. Ces petites branches ont le double avantage de donner les plus beaux fruits, et de protéger les branches principales contre l'ardeur du soleil qui absorbe une partie de la sève montante au détriment de l'arbre.

On pince, à 4 ou 6 centimètres de leur insertion, tous les bourgeons qui poussent trop vigoureusement et dont on veut modérer la croissance ; on pince aussi le bourgeon terminal d'une branche qui a pris l'accroissement que l'on désirait, dans le but de l'arrêter et de faire passer la séve dans les bourgeons ou yeux inférieurs, afin de leur donner un plus grand développement. Lorsque le pincement a été fait avec discernement, il ne manque pas de pousser de petites brindilles qui seront couvertes de boutons à fleurs; si on pince trop tôt, et avant qu'ils aient acquis une longueur suffisante, les yeux s'ouvrent alors en faux-bourgeons.

En général, l'opération du pincement exige une grande connaissance du mode de végétation de l'abricotier.

On peut tailler l'abricotier depuis le 20 février jusqu'au moment de la floraison.

Si le pincement a été bien fait, il n'y a pas de grande suppression à faire à l'époque de la taille; les plus fortes branches ne vivent pas aux dépens des plus faibles, l'équilibre de la végétation n'est pas rompu. Cependant, on diminue les bifurcations qui se sont produites sur les branches fruitières par le pincement. Si, sur le point que l'on a pincé dans le cours de l'été, il s'est développé trois ou quatre petites branches fruitières, on ne conserve que la plus rapprochée de la branche charpentière; si elle n'a pas de boutons à fleurs, il faut la tailler sur l'œil à bois le plus rapproché de l'insertion, et conserver la seconde comme branche fruitière. Les fruits, provenant des branches fruitières dépourvues d'yeux à bois, mûrissent aussi bien et deviennent aussi gros que les autres; seulement, lorsque les fruits sont ôtés de la branche, celle-ci sèche. Mais, il arrive souvent, en été, que, quand on fait le pincement des autres branches, il se développe, à la base, un ou deux yeux qui sont ordinairement des bouquets de mai: le vieux bois vide et dénudé de l'abricotier donne souvent naissance à des rameaux.

S'il y a des endroits qui n'ont produit que deux branches fruitières sur le même point, on n'en laisse qu'une, afin de ne pas former de têtes de saules, ce qui ferait un mauvais effet à l'arbre; mais s'il n'y en a qu'une, on la taille à dix centimètres.

Il ne faut pas anéantir les rameaux qui ont poussé sur le devant les branches charpentières; on les taille plus court que les autres.

Quand on fait le premier pincement, si les branches que l'on a taillées un peu longues, n'avaient pas donné de fruits, on les couperait au-dessus de l'œil le plus rapproché de la tige.

L'abricotier, comme le pêcher, tend constamment à prendre un accroissement considérable; c'est par la taille que l'on parvient à refouler la sève pour lui faire donner des fruits. Il faut aussi remarquer que cet arbre ne produit des fleurs et des fruits que sur le bois de l'année, et non de deux ans; aussi, faut-il toujours chercher à avoir du jeune bois.

Abricotiers en palmette double.

Planche III.

Pour donner cette forme à l'abricotier, on prend un jeune arbre d'une année de greffe, et muni de ramifications ; on le plante à environ 20 centimètres du mur, la tête légèrement inclinée, et tourné de manière qu'il ait une branche à droite et une autre à gauche. On taille un peu le bout de ces deux branches sur les yeux les mieux disposés à pousser ; la tige doit être coupée à 10 centimètres de l'insertion des deux branches, pour ne pas trop refouler la sève ; elle n'est supprimée qu'à la troisième année, jusqu'alors maintenue par le pincement et la taille. Pour que les deux rameaux prennent plus de développement, on les tient dans la position d'un V ouvert. Si l'une de ces deux branches était plus forte que l'autre, il faudrait abaisser la plus forte et favoriser la plus faible en la redressant. Ensuite, dans le cours de l'été, il faut avoir soin de pincer plusieurs fois les petits rameaux qui se développent trop fortement, pour qu'ils n'absorbent pas la sève au détriment des branches latérales que l'on doit prolonger.

Mais si l'arbre que l'on plante n'a qu'un seul jet, on le tourne de manière qu'il ait un bon œil de pousse de chaque côté ; on le coupe à environ 10 centimètres au-dessus des deux yeux destinés à fournir les deux branches comme il est indiqué plus haut. La seconde année, au printemps, on taille un peu les deux branches latérales en ayant soin que le dernier œil, appelé œil terminal combiné, soit bien constitué. Il est à remarquer que, souvent, les sommités des branches ne présentent pas d'yeux aux aisselles des feuilles, sur une longueur de 20 à 30 centimètres; dans ce cas, il faut les tailler à la hauteur du premier œil que l'on rencontre en descendant. Il faut aussi tailler les branches fruitières qui se sont développées le long des rameaux, ainsi que celles qui sont sur la tige au-dessus des deux branches latérales. (Voir Taille).

La troisième année, si l'arbre a bien poussé, les deux branches doivent avoir chacune 1 mètre 50 centimètres de longueur; alors on les abaisse presque horizontalement, c'est-à-dire la partie la plus rapprochée de l'arbre dans la position qu'elles doivent avoir et l'extrémité un peu redressée. Beaucoup de personnes, afin de hâter la formation d'une palmette double, forment un étage supérieur de branches avant que la base de l'arbre soit bien formée: c'est commettre une faute qui entraîne les plus fâcheux résultats; les branches inférieures périssent ou deviennent plus faibles que les autres qui absorbent naturellement, surtout les plus élevées, plus de nourriture que les autres. En général, pour qu'une palmette soit bien faite, il faut que les premières branches soient plus fortes et plus longues que les secondes, et ainsi de suite.

Lorsque les deux branches sont abaissées, on les taille comme il est indiqué plus haut, et on supprime la tige du centre; on taille aussi les branches fruitières qui se sont formées le long des branches latérales. Dans le cours de l'été, on laisse pousser les deux rameaux les mieux disposés sur le dessus des branches pour former les branches-mères, et, quand ils ont atteint la hauteur de 50 centimètres, on les arque, l'un à droite et l'autre à gauche, à la distance de 25 centimètres environ de leur naissance, en ayant soin qu'ils aient chacun un œil sur le talon de l'arcure pour faire le prolongement. Il faut toujours tenir le bout de ces branches un peu élevé afin d'empêcher que l'œil qui se trouve sur le talon de l'arcure ne prenne pas trop de développement. Quant au pincement on se règlera d'après ce que j'ai dit au chapitre: *Taille et pincement de l'abricotier*.

Chaque fois que l'on veut obtenir un nouvel étage de branches, on opère comme je l'ai indiqué dans la formation de la deuxième branche; on veille au maintien de l'équilibre des branches latérales en modérant la croissance des plus fortes par le pincement ou la taille, et en tenant les plus faibles dans la position perpendiculaire. On peut aussi obtenir les branches supérieures par la taille ou le pincement; ainsi, on taille la branche-mère de manière à ce que le second œil se trouve du côté où doit se diriger la branche latérale. Quand l'arbre a presque atteint la hauteur que l'on veut, on laisse pousser au centre un petit rameau dont on modère le développement qui pourrait nuire aux branches inférieures en absorbant trop de sève; lorsque ce rameau est à la hauteur de l'arbre, on lui fait pousser deux branches, l'une à droite et l'autre à gauche, que l'on greffe sur le talon des deux branches supérieures. Quant aux autres branches, lorsqu'elles ont atteint la longueur voulue, on les arque en remontant, et on les greffe en arc-boutant sur le talon de l'arcure de leurs voisines, comme il est indiqué à la gravure.

Poirier en pyramide.

Planche V.

Les poiriers ainsi que tous les arbres fruitiers, à l'exception du pêcher, ne doivent être taillés qu'à la seconde année de plantation. En taillant la première année, j'ai remarqué que les résultats ne sont pas aussi bons que ceux obtenus en retardant la taille d'une année. En remettant la taille à l'année suivante, les racines suffisamment nourries, fournissent la sève nécessaire que réclament les boutons pour se développer avec force.

La première taille du poirier soumis à la forme pyramidale, s'opère en coupant la tige à environ 45 centimètres du sol, dans le but de provoquer le développement des yeux qui doivent donner naissance aux premières branches latérales. On doit veiller avec soin à ce que la coupe soit faite sur un bouton dirigé du côté opposé à celui où la greffe a été placée, afin de conserver à la tige une direction verticale; en taillant autrement, elle se dirigerait de côté, et la sève se trouverait gênée dans sa marche ascendante.

Il arrive généralement que les yeux de la base sont moins bien constitués que les autres et qu'ils ne présentent pas une grande tendance à prendre un grand développement; dans ce cas, il est nécessaire de faire une incision transversale au-dessus de ces yeux, afin d'arrêter la sève sur eux pour les faire pousser vigoureusement.

On ne peut déterminer la distance que les branches latérales doivent avoir entre elles, elle peut varier de 15 à 25 centimètres. Mais il importe d'observer, dans la formation d'une belle pyramide, que les branches doivent toutes partir du tronc et alterner entre elles, pour éviter la confusion et laisser passer l'air et la lumière. Pour obtenir ce résultat, j'ai l'habitude d'enfoncer, près de la tige, un fort et long tuteur autour duquel j'enfonce également huit piquets disposés à égale distance, et, sur chacun d'eux, j'attache du fil de fer galvanisé que je dirige sur le sommet du tuteur. Ce fil de fer sert à attacher les baguettes que doivent diriger les branches latérales dans leur croissance.

Les premières branches latérales doivent être tenues à environ 25 ou 30 centimètres du sol, afin de faciliter les façons à donner à la terre.

Il arrive souvent que les bourgeons latéraux ne conservent pas le même degré de vigueur; les plus rapprochés de la flèche tendent généralement à prendre trop de développement au détriment de la flèche elle-même ou des branches inférieures. Dans ce cas, je les pince plus long que ceux qui sont moins favorisés.

L'année suivante, il ne faut pas tailler la flèche trop longue, afin d'avoir assez de branches pour garnir la pyramide; car il n'y a que les trois ou quatre yeux de la sommité qui se développent. Sans cette précaution, l'arbre ne serait pas assez garni de branches. Si, toutefois, un œil restait latent et qu'il fût utile pour la formation de l'arbre, on exciterait son développement en faisant une incision en forme d'A dans la portion de la tige qui se trouve au-dessus de lui. Cette incision doit avoir environ 2 millimètres de largeur et enlever l'écorce jusqu'à l'aubier : cette opération appelle la sève sur ce point, l'empêche de monter dans la tige et l'œil est excité à se développer. Il est essentiel de tailler la flèche, comme je l'ai indiqué plus haut, sur un œil qui maintienne l'arbre dans sa position verticale.

J'ai formé une pyramide, conduite de la manière que j'ai indiquée ; elle ne laisse rien à désirer : j'invite les amateurs à venir la voir pour se convaincre des résultats.

On peut aussi faire des pyramides sans tuteurs ni fils de fer ; mais elles ne seront jamais si bien faites ni si exactes. On taille la flèche de la manière indiquée ci-dessus, et les branches latérales sur un œil en dessous, afin qu'elles s'éloignent de la tige en poussant. Il pourrait arriver qu'une branche, par suite de sa position, tendît à prendre une direction oblique ; dans ce cas, on la taillerait sur un œil de droite si elle se dirigeait trop à gauche et sur un œil de gauche si elle poussait trop à droite.

Pour qu'une pyramide soit bien conduite il faut veiller au maintien de l'équilibre dans toutes ses parties. Terminée, elle doit représenter un cône dont la base est les branches du bas et le sommet la flèche de l'arbre.

Poirier à cinq fuseaux.

Planche VI.

Pour obtenir un poirier de ce genre, il faut prendre un jeune arbre d'une année, et non de deux ans de greffe; on le taille à 25 centimètres au-dessus de la greffe: c'est là le point d'où doivent partir les quatre branches latérales. Dans le cours de l'été, on pince la tige à dix centimètres au-dessus de la taille, afin de faire gonfler les yeux. Si, pendant la première année, l'arbre ne pousse pas parfaitement, il ne faut pas pincer une seconde fois la flèche: la sève serait refoulée, et cela nuirait aux racines. Au printemps suivant, on taille la flèche à 5 centimètres au-dessus de la première coupe, entre le pincement et la taille, sur un œil qui fait face à cette dernière. Sur le talon de cette coupe ou pincement, les yeux sont très-rapprochés, ils forment une couronne d'yeux qui se développeront par une taille très-courte ou un pincement. Les cinq branches que l'on doit obtenir sur ce point formeront: la première le fuseau du centre et les quatre autres les branches latérales. Il peut fort bien arriver que la seconde année l'arbre ne soit pas encore bien vigoureux et qu'il ne pousse que trois ou quatre branches; dans ce cas, à l'époque de la taille, on les supprime toutes à 2 centimètres de leur insertion et on taille la flèche sur le premier œil qui fait face à la dernière taille. Au printemps, à la pousse, on sera certain d'avoir sur ce point le nombre de branches que l'on désire; si ce nombre était plus que suffisant, on ne conserverait que celles qui sont le mieux disposées et qui présentent les meilleures dispositions. Ensuite, on enfonce quatre tuteurs en terre, également éloignés de l'arbre, à une distance proportionnée à la dimension que l'on veut donner à la forme : ces quatre tuteurs doivent représenter les angles d'un carré dont le centre est le fuseau du milieu, sur chacun d'eux on attache une baguette horizontalement, communiquant au tronc de l'arbre où elle est fixée. Ces baguettes servent à diriger les quatre branches extérieures qui n'y seront attachés que lorsqu'elles auront assez de force pour être arquées en remontant le tuteur; jusqu'alors elles seront tenues dans la position oblique afin de favoriser leur développement. Quant au rameau du centre, s'il poussait trop fortement, on modérerait sa croissance par le pincement ou la taille.

Lorsque l'arbre a atteint à peu près la moitié de son développement, on prend des baguettes que l'on attache au milieu de chaque branche horizontale et que l'on dirige sur les fuseaux opposés : ces baguettes servent à guider les branches transversales. Pour obtenir ces branches, on prend les rameaux les mieux placés qui poussent sur le dessus des branches horizontales, on les attache aux baguettes et quand ils se croisent, on les greffe en approche; lorsqu'ils ont atteint la hauteur nécessaire, on les greffe après les quatre fuseaux extérieurs.

Si les branches qui forment les fuseaux extérieurs poussent vigoureusement et que l'on trouve que l'arbre soit assez haut, on attache des baguettes horizontalement au haut des tuteurs et l'on courbe le bout des fuseaux sur ces baguettes, en ayant soin qu'il y ait un œil sur le talon de l'arcure pour faire la branche opposée. La branche que l'on a arquée doit être greffée sur le fuseau du centre, et celle du talon de l'arcure doit être greffée en arc-boutant sur l'autre branche.

Lorsque l'arbre est terminé, on le soigne par le pincement et la taille. Cette forme est très-belle, et chaque branche profite suffisamment de l'air et de la lumière.

Poirier à cinq fuseaux à branches transversales.

Planche VII.

Les quatre premières branches latérales du poirier soumis à cette forme s'obtiennent de la même manière que pour le poirier précédent. Ces branches obtenues, on a soin de ne pas les incliner de suite dans la position horizontale ; il faut attendre qu'elles soient assez longues et que la partie que l'on veut diriger dans la position verticale ait au moins 25 centimètres de longueur. Alors, on place quatre forts tuteurs, ayant la hauteur que l'on veut donner à ces quatre branches, et on place une baguette à l'insertion de chaque branche ; on fixe l'autre bout de la baguette au tuteur au moyen d'un lien mobile, ce qui permet d'élever ou d'abaisser les branches selon leur force de végétation. On place également des baguettes à l'arcure de chaque branche, en bas ; elles doivent se croiser, au centre de l'espace qui sépare les deux branches, pour se diriger, de là, à environ la moitié de la hauteur de la branche ; une autre baguette est encore placée à cet endroit pour être arquée et revenir se placer au point de jonction des deux branches croisées. Ceci sert de charpente sur laquelle on doit faire courir les branches que l'on a soin de ménager au pincement.

Il ne faut pas craindre de se trouver sans branches sur ce point : on n'en manque jamais. Il s'agit seulement de faire attention, avant de pincer une branche, si elle n'est pas utile; ce dernier fait constaté, on la coupe pour obtenir un bouton à fruit.

Pour terminer cette forme de poiriers, on greffe les extrémités de quatre branches sur le sommet du fuseau du centre. Cette forme est très-agréable à la vue, et les branches sont assez espacées pour que l'air y circule librement, chose essentielle pour obtenir de beaux et bons fruits.

Poiriers à sept fuseaux.

Planche VIII.

Pour obtenir un poirier de ce genre, il faut le traiter comme si on voulait faire un cinq fuseaux. Mais, comme il y en a sept ici, l'arbre ne sera pas assez vigoureux, la seconde année, pour les faire développer toutes; dans ce cas, on supprimera celles qui existent, à quelques centimètres de leur insertion, en ayant soin que l'œil qui termine la taille se trouve en dessous, et on taillera la flèche sur le premier œil qui fait face à la dernière coupe. A la pousse du printemps, on aura sur ce point un nombre suffisant de branches que l'on dirigera comme celles du cinq fuseaux. A cet effet, on enfoncera un tuteur près de la tige qui formera le fuseau du centre, au haut duquel on adaptera six fils de fer communiquant à autant de piquets enfoncés à égale distance autour de l'arbre; cette distance devra être proportionnée à la dimension que l'on voudra donner à l'arbre. Ceci fait, on prendra des baguettes que l'on attachera, un bout, au tuteur du centre, et l'autre au fil de fer. Ces baguettes sont destinées à diriger les branches qui devront être tenues obliquement jusqu'à ce qu'en les courbant, le bout ait atteint la hauteur d'environ 25 à 30 centimètres le long du fil de fer. Quand les fuseaux extérieurs seront arrivés à ce degré de développement, on ne devra plus les pincer ni les tailler;

excepté, dans le cas où l'œil terminal serait un bouton à fruit; alors on le supprimerait. Quant au fuseau du centre, on veillera à ce qu'il ne pousse pas trop vigoureusement : on le maintiendra par le pincement et la taille.

Lorsque les fuseaux extérieurs auront la hauteur voulue, on les greffera, sur la tige, en approche ou en arc-boutant. Dans cette forme, les branches étant assez bien distancées, les fruits ont assez d'air pour devenir très-beaux.

Poirier à quatre fuseaux avec branches obliques au centre.

Planche IX.

Lorsqu'on veut donner cette forme à un jeune poirier, il faut prendre un jeune jet de l'année et non de deux ans de greffe ; on le taille à 25 centimètres de la greffe. Ensuite, dans le cours de l'été, on le pince à 10 centimètres au-dessus de la première coupe pour faire gonfler les yeux, et, au printemps suivant, on le taille à 5 centimètres au-dessus de la taille, c'est-à-dire entre le pincement et la première coupe, pour avoir quatre branches qui doivent donner, la plus élevée, le fuseau du centre et les trois autres, les fuseaux extérieurs. En été, on pince la flèche à 10 centimètres au-dessus de la taille ; s'il ne s'est formé que trois ou quatre branches, on les supprime toutes à quelques centimètres de leur insertion, et on taille la flèche sur le premier œil qui fait face à la dernière coupe. En opérant comme je viens de le dire, à la pousse du printemps, on est assuré d'avoir, sur ce point, plus de branches qu'il n'en faut pour la charpente de l'arbre ; dans ce cas, rien de plus simple, on supprime celles qui paraissent être inutiles et on ne conserve que les mieux disposées. Ensuite, on enfonce un grand tuteur près de la flèche ; on plante des piquets sur lesquels on fixe du fil de fer que l'on tend sur le tuteur. Ces piquets doivent être au nombre de trois sur chaque face, et à 30 centimètres l'un de l'autre. Quant aux baguettes à poser et aux branches à conduire, on doit observer ce qui a été dit sur la forme précédente : la manière d'opérer est absolument la même. Ceci fait, à l'époque du pincement, il faut ménager les bourgeons qui se trouvent au-dessus des branches du centre. Cependant, il faut observer que ces branches doivent être surveillées par le pincement et la taille, parce qu'elles ne doivent pas être aussi hautes que les branches extérieures; sans cela, elles prendraient toute la sève, et les branches essentielles de l'arbre s'affaibliraient pour périr peut-être. A mesure que les branches arrivent à leur hauteur, on les greffe par approche ou en arc-boutant. La forme de cet arbre est très-belle et très-facile à conduire.

Poirier en cône à branches cintrées à la base.

Planche X.

Un arbre conduit de cette manière subit, à peu près, les mêmes opérations que les formes à fuseaux auxquelles il ressemble beaucoup. On prend un jeune sujet d'une année de greffe et on le taille à 25 centimètres au-dessus de la greffe: c'est de là que doivent partir les cinq branches latérales. Dans le cours de l'été, on pince la tige à 10 centimètres au-dessus de la coupe, afin de faire gonfler les yeux du talon. Il va sans dire que l'on ne doit pas pincer une seconde fois; car, plus on supprime d'organes d'appel à la sève, moins l'arbre tend à être vigoureux. Il ne faut pas non plus supprimer les petits rameaux qui se développeront sur la flèche; il faut seulement pincer ceux qui voudraient prendre trop d'extension.

Au printemps suivant, on taille la tige à 5 centimètres au-dessus de la première coupe, entre le pincement et la taille, comme il est indiqué précédemment pour les formes à fuseaux. C'est sur ce point que l'on doit obtenir les six branches essentielles pour la formation de l'arbre: la plus élevée servira de flèche, et les cinq autres formeront les premières branches latérales.

La flèche, en raison de sa position verticale, tend naturellement à pousser plus vigoureusement que les autres branches; en été, on la pince à 10 centimètres au-dessus de la dernière coupe pour l'arrêter dans sa végétation, afin que la sève se porte avec plus de force dans les rameaux inférieurs que l'on tiendra presque perpendiculaires. Dans cette forme comme dans toutes les autres, pour obtenir un arbre bien formé, il faut veiller constamment au maintien de l'équilibre dans toutes ses parties: cette condition est de rigueur.

Au printemps de la troisième année, si l'arbre n'avait poussé que quatre ou cinq branches, il faudrait les supprimer toutes et opérer comme il est indiqué à l'article *Poirier à cinq fuseaux*, en taillant la flèche à 50 centimètres de la dernière coupe, et, dans le cours de l'été, en pinçant la tige principale à 12 centimètres au-dessus de la coupe. Si, malgré ce pincement, elle repoussait, il faudrait la pincer une seconde fois à 10 centimètres au-dessus pour faciliter le développement des yeux. C'est sur le premier pincement que l'on doit obtenir le second étage de branches latérales.

Ensuite, on plante cinq tuteurs autour de l'arbre, à égale distance l'un de l'autre et s'élevant à 1 mètre 50 centimètres au-dessus du sol; au tronc de l'arbre, on attache légèrement des baguettes communiquant aux tuteurs, de manière que l'extrémité opposée à l'arbre soit verticale, afin de faciliter le développement des branches qui sont attachées aux baguettes: on ne doit les mettre dans la position horizontale que quand elles sont assez longues pour être courbées et suivre le long des tuteurs.

Quand les deux branches ont atteint la hauteur de 30 à 32 centimètres le long des tuteurs, on les greffe par approche.

Pour former les branches cintrées de la base, voici comment on procède: on prend des baguettes bien flexibles que l'on fixe, en forme de cintre, par les extrémités aux tuteurs: ces baguettes servent d'itinéraire aux branches que l'on veut obtenir sur ce point. Lorsque les deux étages de branches de chaque tuteur sont greffées par approche, l'une doit aller à droite et l'autre à gauche, et, quand elles se joignent sur le milieu du cintre, on les greffe une seconde fois; alors, sur chaque cintre, on place des baguettes que l'on attache au tronc: elles servent à guider les branches qui doivent être greffées à la flèche de l'arbre. Lorsqu'on a obtenu les deux étages de branches, il faut surveiller la flèche dans sa croissance, afin qu'elle ne pousse pas trop. Sans cela, il est impossible d'établir une forme de ce genre.

Poirier en couronne.

Planche XI.

Le poirier soumis à cette forme est traité dans sa jeunesse comme si on voulait faire un sept fuseaux. Ensuite, quand on a obtenu les branches que l'on désire, on plante sept piquets : un près de l'arbre, et les six autres à 1 mètre 40 centimètres du centre, à égale distance l'un de l'autre ; on attache des baguettes dont les extrémités sont fixées au tuteur du centre et aux tuteurs extérieurs, avec la précaution, toutefois, de les tenir un peu verticales sur ces derniers, dans le but de favoriser le développement des branches qui doivent les suivre. Les branches sont maintenues dans cette position jusqu'à ce qu'elles aient atteint, au moins, 1 mètre 50 centimètres de longueur ; alors, on les courbe en les mettant dans la position qu'elles doivent avoir, et on les attache au tuteur du centre. Pour donner une jolie forme à ces branches, il est nécessaire de prendre du fil de fer galvanisé dont un bout est attaché aux tuteurs extérieurs, et l'autre, fixé sur le tuteur du centre, au point où les branches doivent aller se greffer.

Cette première couronne de branches obtenue, il faut avoir soin de pincer ou de tailler la tige principale à 10 centimètres au-dessus du point où les branches doivent être greffées pour avoir la seconde couronne de branches. Plus tard, on taille à 5 centimètres du pincement ou de la taille, dans le but de forcer les yeux à se développer. Malgré cette opération, il pourrait bien arriver qu'il ne poussât que trois ou quatre branches, ce qui serait insuffisant; dans ce cas, il faudrait les supprimer toutes à quelques centimètres de leur insertion, et tailler la tige sur le premier œil qui fait face à la dernière coupe. Au printemps, les branches ne doivent pas faire défaut; alors, on les dirige comme celles de la première couronne au moyen d'un même treillage, et, quand elles arrivent à la tige, on les greffe. Pour la mise à fruit, on les traite comme le poirier. (Voir Taille et pincement du poirier).

Poirier en palmette cintrée (Louis Menet).

Planche XII.

Le poirier cultivé de cette manière peut être placé en contre-espaliers ou en plate-bandes, à l'exposition du Nord ou du Couchant. Pour obtenir les branches telles qu'on les désire, il faut prendre un arbre sortant de la pépinière et n'ayant qu'une année de greffe, le planter de manière qu'il ait deux yeux bien placés et pas trop éloignés l'un de l'autre, l'un à droite et l'autre à gauche, dans la direction du treillage en bois ou en fil de fer que l'on a préalablement préparé pour guider les branches. On le taille sur un œil placé immédiatement au-dessus des deux yeux destinés à former les branches latérales. A la pousse du printemps, ces trois yeux doivent se développer. S'ils ne se développaient pas fortement, comme il arrive presque toujours la première année de plantation, il faudrait pincer la tige principale à 10 centimètres au-dessus des deux premières branches. Celles-ci que l'on ne pince pas, doivent être tenues dans la position d'un V ouvert.

Au printemps suivant, on taille la tige à 10 centimètres du dernier pincement, au-dessus d'une feuille de devant ou de derrière, afin que les yeux stipulaires de droite et de gauche puissent bien se développer. Sans cette précaution, on aurait une branche devant et une autre derrière, toutes deux inutiles à la formation de l'arbre.

On appelle *yeux stipulaires*, les deux yeux qui accompagnent tous les yeux principaux; on les fait développer par une taille ou un pincement très-court.

Pour obtenir les secondes branches latérales, on pince, dans le cours de l'été, la tige à 10 centimètres au-dessus de la dernière taille, et, par ce moyen, on force les yeux stipulaires à pousser. Lorsque, sur les deux branches, résultat du développement des sous-yeux, des bourgeons poussent, il faut les pincer.

La tige ou flèche subit un second pincement le même été; on l'opère à 12 centimètres au-dessus du dernier, toujours sur une feuille de devant ou de derrière, pour obtenir deux nouvelles branches. On peut aussi obtenir ces branches par la taille; mais, pourquoi remettre à l'année suivante ce que l'on peut faire la même année?

Pour faciliter le développement des branches latérales d'une palmette, il faut les tenir un peu obliques, afin que la sève, qui tend toujours à monter, y trouve un libre cours; on ne les met dans la position qu'elles doivent avoir que quand elles sont assez fortes pour se suffire elles-mêmes. Avant de prendre de nouvelles branches supérieures, il faut que celles de la base soient assez nourries pour n'avoir plus à craindre d'être dépourvues des principes nutritifs dont les parties élevées s'emparent au détriment des branches inférieures.

Au printemps suivant, on taille à 10 centimètres au-dessus du pincement, et, chaque fois que l'on veut obtenir de nouvelles branches, on se conforme d'après ce qui a été dit plus haut. Si l'une de ces branches pousse plus vigoureusement que l'autre, il faut l'abaisser et relever la plus faible. On ne doit les mettre à leur place que quand elles ont atteint la longueur de 1 mètre 80 centimètres à 2 mètres. Ensuite, quand elles sont arrivées à la hauteur qu'elles doivent avoir, on les greffe en arc-boutant au tronc de l'arbre. La forme est alors terminée; on doit la surveiller par la taille et le pincement.

Poirier en forme de jet d'eau.

Planche XIII.

Cette forme, quoique bizarre en apparence, est très-belle et se prête facilement au mode de végétation du poirier. Pour l'obtenir, on plante un jeune sujet que l'on traite en premier lieu comme le cinq fuseaux ; ensuite lorsqu'on a les cinq premières branches, on enfonce un fort tuteur près de la tige, au haut duquel on fixe huit fils de fer que l'on tend sur autant de piquets plantés autour de l'arbre ; sur le tuteur du centre et à côté des premières branches, on attache quatre baguettes, que l'on fixe aux fils de fer. Il est bien entendu que ces baguettes ne doivent pas être placées sur quatre fils de fer qui se suivent : ils doivent alterner de manière à former les angles d'un carré (Voir la gravure). Ces baguettes servent à guider les quatre branches latérales que l'on doit tenir inclinées jusqu'à ce qu'elles dépassent les tuteurs ; alors, on les met dans la position horizontale et on arque le bout de chaque rameau dans la direction de son voisin de droite ou de gauche, peu importe. La direction étant donnée à l'un, les autres doivent être arqués du même côté. On facilite cette opération, en attachant, à environ 40 centimètres du sol, du fil de fer sur celui déjà placé sur les tuteurs extérieurs, de manière à former un cercle autour de l'arbre. Les branches arquées sont attachées à ce cercle, et la forme, par ce moyen, devient plus régulière; lorsqu'elles se touchent, on les greffe en arc-boutant.

Quant à la flèche, il faut la surveiller dans sa croissance; si elle s'emportait, il faudrait avoir recours au pincement ou à la taille.

Nous venons de voir comment on obtient la première série de branches; la seconde et les suivantes s'obtiennent de la même manière. La distance qu'elles doivent avoir entre elles est de 50 centimètres environ. Cette distance suffit, puisque les branches sont disposées horizontalement.

En général, pour obtenir chaque couronne de branches, dans le cours de l'été, on pince la flèche à 5 centimètres au-dessus de la coupe pour faire gonfler les yeux, et, au printemps suivant, on la taille à 5 centimètres au-dessus du pincement. On est certain d'avoir sur ce point, autant de branches qu'il en faut.

Lorsqu'on a le nombre de couronnes de branches que l'on désire (ce nombre peut varier, selon la grandeur que l'on veut donner à l'arbre), on laisse pousser sur chaque couronne, à l'endroit où passent les fils de fer, les branches que l'on dirige vers le sommet de la tige: les branches du bas, bien entendu lorsqu'elles sont assez longues, sont greffées en arc-boutant sur celles du second étage, celles du second étage sur celles du troisième, et ainsi de suite, jusqu'à celles de la dernière couronne que l'on greffe au haut de la flèche.

Les poiriers soumis à cette forme, se plantent en plate-bande ou en carré.

Poirier en spirale (dessiné d'après nature).

Planche XIV.

Cette forme est très-avantageuse et s'accommode très-bien des petits espaces; les branches, dirigées sous la forme de tire-bouchon, poussent moins vigoureusement qu'autrement, ne se dénudent pas, se mettent et restent facilement à fruit. Beaucoup de personnes ont essayé ce genre de poiriers; mais, les résultats qu'elles ont obtenus n'ont pas été satisfaisants. Les moyens que j'indique ci-dessous sont très-faciles, et ceux qui les suivront exactement parviendront, j'en suis sûr, à de très-bons résultats. Ainsi, pour former un poirier en spirale, on prend un arbre d'une année ou de deux ans de greffe. S'il a deux ans de greffe, il doit avoir des branches à 20 centimètres de la greffe, sinon, il faut couper la flèche sur le premier œil qui fait face à la coupe que le pépiniériste aura faite, et faire une incision, au-dessus des trois ou quatre yeux à partir des 20 centimètres de la greffe, pour faciliter l'émission des bourgeons. Si c'est un jet de l'année, on coupe la tige à environ 30 centimètres au-dessus de la greffe, et, dans le cours de l'été, on la pince à 10 centimètres de la taille dans le but de favoriser le développement des yeux.

Les premières branches obtenues près du tronc de l'arbre, on plante un tuteur de la hauteur que l'on veut donner à la forme, au haut duquel on attache huit fils de fer que l'on tend sur huit piquets enfoncés en terre autour de l'arbre, à une distance proportionnée à la dimension que l'on veut donner aux branches; ensuite, à l'un des piquets, on attache un autre fil de fer, et on le fait tourner en forme de spirale jusqu'au sommet du tuteur: on donne à chaque tour un écartement de 50 à 60 centimètres. Cette distance est nécessaire pour y faire passer un second fil de fer conduit de la même manière, et fixé, en bas, sur le piquet placé en face de l'autre. Ceci fait, on place des baguettes que l'on fixe légèrement par un bout, au tronc de l'arbre, et par l'autre, au point de rencontre des fils de fer qui forment le treillage. Par ce moyen, les branches sont dirigées dans leur croissance, et quand elles dépassent les fils de fer d'environ 15 ou 20 centimètres, on les arque obliquement sur le treillage.

Au printemps suivant, on taille la tige principale à environ 10 centimètres au-dessus du pincement, sur un œil qui fait face à la dernière coupe, afin qu'elle prenne une direction verticale. Il faut bien se garder de tailler trop long, on courrait risque de n'avoir pas assez de branches: par ce moyen, les yeux avoisinant la taille, se développeraient et ceux sur lesquels on compterait pour la formation de la charpente resteraient latents; ainsi donc, taille courte. Quant aux branches latérales, point de taille, jusqu'à ce qu'elles aient formé la spirale; alors, pour la mise à fruit on leur fait subir les opérations générales appliquées au poirier, (voir taille et pincement du poirier). La culture de cette forme est identique à celle de la pyramide, sauf les branches du bas, qui doivent partir près de la greffe.

Lorsque les branches sont assez longues et qu'elles se touchent, on les greffe les unes sur les autres; la greffe étant reprise, on ôte les tuteurs et les fils de fer; l'arbre offre alors un coup d'œil magnifique: les branches sont distancées régulièrement, et les fruits ont assez d'air pour parvenir en parfaite maturité.

Poirier en dévidoir.

Planche XV.

Le poirier soumis à cette forme doit avoir une végétation forte. Il peut être greffé sur coignassier ou sur franc; sur cette dernière espèce d'essence, il pousse plus vigoureusement; mais se met plus difficilement à fruit. On le plante en plate-bande ou en carré.

Pour obtenir un bon résultat, voici comment on procède: on prend un jet de l'année précédente, et non de deux ans de greffe; on le taille à 25 centimètres au-dessus de la greffe, afin d'avoir, à cet endroit, les quatre premières branches latérales. En été, vers la fin du mois de juillet, on pince la tige principale à 10 centimètres au-dessus de la taille, afin de préparer les yeux à se développer. Comme l'arbre ne pousse pas fortement la première année, il ne faut pas pincer une seconde fois la tige principale; en pinçant, on nuirait au développement des racines qui tirent une partie de leur nourriture par les feuilles. C'est pour la même raison, qu'il ne faut pas ôter les petits rameaux qui se développeront au-dessous de la flèche; il faut simplement pincer le haut de ceux qui voudraient s'emporter. Ces petits rameaux ne doivent être coupés qu'à la taille de la troisième année.

La seconde année, au printemps, il faut tailler la flèche à 5 centimètres au-dessus de la première coupe, c'est-à-dire entre le pincement et la première taille, sur un œil qui fait face à cette dernière. On sait que sur le talon de chaque coupe ou pincement, les yeux sont très-rapprochés et qu'ils forment une couronne d'yeux: on les fera gonfler par le second pincement. On doit obtenir sur ce point cinq branches dont la première servira pour la flèche et les quatre autres formeront les branches latérales. Si l'arbre ne poussait que trois ou quatre branches, comme il peut fort bien arriver, dans le cours de l'été, on pincerait la flèche à 5 ou 10 centimètres de la taille, afin de refouler la sève pour faire développer les yeux qui n'auraient pas poussé.

Afin de guider les branches latérales dans leur développement, on enfonce quatre tuteurs en terre, autour de l'arbre et à égale distance; sur ces tuteurs, on attache des baguettes, que l'on fixe légèrement au tronc de l'arbre. Ces baguettes servent à attacher les branches que l'on doit tenir fortement élevées à leur extrémité. Quant aux tuteurs, ils doivent être assez longs pour pouvoir y attacher le bout des rameaux que l'on courbera.

La troisième année, à la taille du printemps, si l'on n'a pas obtenu les quatre branches pour la formation de l'arbre, on taillera la flèche entre le pincement et la coupe, et les branches latérales, à quelques centimètres de leur insertion; dans le cours de l'été, on pincera la flèche à 25 centimètres au-dessus de l'insertion des branches du premier étage; on agira ainsi pour les branches inutiles dont on ne conservera que les mieux disposées; celles-ci seront attachées sur les baguettes que l'on doit tenir inclinées. En général, les branches latérales ne doivent être mises dans la position horizontale que quand elles sont assez longues pour pouvoir être arquées le long des tuteurs.

La quatrième année, pour obtenir le second étage de branches que l'on dirigera comme le premier, on taille la flèche à 5 centimètres au-dessus du pincement; les autres rameaux sont taillés comme il est indiqué dans la formation de la pyramide. Je ne taille les branches latérales que quand l'œil terminal est un bouton à fleur. Dans le cours de l'été, pour obtenir un nouvel étage de branches, on pince la flèche à 25 centimètres de la dernière taille: c'est la distance que les étages doivent avoir entre eux; quand les branches de cet étage sont assez longues, on les courbe le long des tuteurs, et lorsqu'elles atteignent celles de l'étage immédiatement inférieur, on les greffe. Les branches du bas doivent être greffées sur celles du second étage de branches; celles du second étage doivent l'être sur celles du troisième, et ainsi de suite. Il faut avoir soin de modérer la croissance des quatre parties perpendiculaires; si elles poussaient trop vigoureusement, on prendrait un étage de branches sur les quatre tiges extérieures.

Pour obtenir cette nouvelle série de branches, voici comment on procède: dans le cours de l'été, on pince la flèche à 50 ou 60 centimètres des dernières branches; ensuite, au printemps suivant, on taille les quatre tiges extérieures de manière que l'œil secondaire, en descendant, se trouve en face de la tige du milieu. Par ce moyen, l'œil terminal forme le prolongement, et l'œil secondaire donne la branche latérale que l'on greffe sur la flèche. Pour avoir un deuxième étage de branches la même année, on taille la tige principale à 5 centimètres au-dessus du pincement; il n'y a, alors, pas de grande suppression et l'on profite de toute la sève de l'arbre.

Pommier en cordons doubles.

Planche I.

Le pommier peut, de même que le poirier, l'abricotier et le cerisier, être conduit en cordons doubles. On le plante en contre-espalier et peut servir de contre-bordures aux allées.

Pour obtenir ce résultat, on enfonce un fort piquet en terre à chaque bout de la plantation, et l'on y tend deux fils de fer solidement fixés à chaque extrémité par des clous recourbés; ces fils de fer, dont le premier qui est à 20 centimètres du sol, et l'autre à 25 centimètres du premier, sont raidis le plus possible au moyen de deux raidisseurs, et supportés par de petits piquets plantés à une distance proportionnée à la longueur de la plantation.

Alors, on choisit des pommiers d'une année de greffe et n'ayant qu'un seul jet; on les plante à 1 mètre 50 centimètres de distance, ce qui donne 3 mètres de parcours à chaque arbre; lorsqu'ils sont assez longs, on les abaisse sur le fil de fer, à droite ou à gauche, peu importe, en ayant soin cependant, qu'ils soient tous courbés du même côté. Le premier arbre est conduit sur le fil de fer du bas, le second, sur celui du haut, et ainsi de suite.

Ces arbres ne doivent être courbés que quand la sève est en circulation, c'est-à-dire au printemps; sans cette précaution, en les pliant, on en casserait un grand nombre. S'il arrive que l'on en casse, il faut alors les tailler à 5 ou 10 centimètres plus bas que le fil de fer sur lequel ils doivent être fixés, et, aussitôt qu'ils ont poussé, on les met à leur place.

On ne doit jamais tailler l'extrémité du rameau principal, excepté lorsque l'œil terminal est un bouton à fruit; alors, on la coupe sur un œil en dessous.

Dans le cours de l'été, vers le mois d'août, on pince les rameaux qui se sont développés le long de la branche principale (Voir *Pincement des poiriers et des pommiers*), pour que la sève se porte avec plus de force dans l'extrémité des rameaux. Lorsque les arbres se touchent, c'est-à-dire lorsque chaque tige, en s'allongeant, rencontre la naissance de la tige suivante, on les greffe par approche. Alors la sève surabondante d'un arbre passe au profit de l'arbre suivant, ce qui les maintient tous au même degré de vigueur.

Ces cordons de pommiers, si faciles à conduire, se mettent à fruit la seconde année de plantation.

Pommier en gobelet.

Planche XVI.

Si pour former un pommier de ce genre, on plante un arbre n'ayant qu'un seul jet, on ne le taille pas la première année de plantation, pour que les racines se développent plus fortement en terre; la deuxième année, on le taille rigoureusement à 20 centimètres au-dessus de la greffe, alors tous les yeux se développent fortement. Le nombre de branches que l'on a, sur ce point, peut varier; il y en a ordinairement 5 ou 6. On doit pincer les sommités des branches qui tendraient à s'emporter, afin de favoriser les branches faibles. La troisième année, on taille ces 5 ou 6 branches à 10 centimètres de leur insertion, en tâchant de faire en sorte qu'il y ait un œil à droite et un autre à gauche, et non pas un en dedans et l'autre à l'extérieur: c'est là le point de bifurcation. Si l'arbre pousse vigoureusement, on doit avoir 10 ou 12 branches disposées en rond; ensuite, au printemps, on les taille à 30 centimètres de leur bifurcation, et toutes, à peu près à la même hauteur, en ayant soin que l'œil qui termine la coupe se trouve en dehors pour que le gobelet s'évase. Dans le cours de l'été, à l'époque du pincement, si l'on trouve que l'on a assez de branches, on pince, à 2 ou 3 feuilles, les rameaux qui sont inutiles, et l'extrémité des branches qui poussent trop vigoureusement.

On donne à la forme la hauteur et l'évasement que l'on veut, cela dépend de la végétation de l'arbre; seulement, le nombre de branches désiré obtenu, il ne doit plus y avoir de bifurcation. Il ne faut pas tailler les branches à une très-grande distance: les yeux resteraient latents et ne se mettraient pas à fruit.

Quand l'arbre a atteint la hauteur que l'on désire, on met un cercle dans l'intérieur et au haut du gobelet; on arque toutes les branches du même côté, à droite ou à gauche; on les attache sur le cercle, et quand le bout de chaque branche a atteint l'arqûre de la branche suivante, on le greffe en arc-boutant ou en approche. Lorsque tout est greffé, on laisse pousser un rameau entre chaque branche de la couronne que forment les branches arquées, et quand tous ces rameaux ont une certaine hauteur, on les attache à un autre cercle sur lequel on les dirige comme précédemment, à l'exception de l'arqûre que l'on dirige à l'inverse de la première couronne.

Quand les greffes sont bien reprises, on ôte les cercles, et l'arbre a une très-belle forme.

Pincement des poiriers et des pommiers.

L'opération du pincement consiste à supprimer avec les doigts ou avec un instrument tranchant la partie supérieure d'un bourgeon pour l'arrêter dans son développement. Elle a pour but d'empêcher les bourgeons inutiles de se développer aux dépens de ceux qui doivent être conservés.

Le mode de végétation du poirier et du pommier étant à peu près identique, j'ai réuni dans ce chapitre le pincement de ces deux sortes d'arbres.

Il est plus avantageux de pincer un rameau avant qu'il se soit trop développé au préjudice de l'arbre que quand il aurait dépensé une plus ou moins grande quantité de sève. Un bourgeon se développant vigoureusement au dehors, développe aussi de nouvelles fibres dans le corps de l'arbre, et de nouvelles racines dans la terre, en le supprimant, les fibres et les racines qui lui appartenaient n'ayant plus de fonction directe à remplir, on détermine, en le pinçant, une crise dans l'économie végétale. Il est donc, en général, plus avantageux de faire le pincement aussitôt qu'un rameau prend trop d'empâtement : on doit le pincer à quatre ou cinq yeux [1], c'est-à-dire que l'on doit supprimer avec le sécateur l'extrémité du bourgeon en laissant au-dessous quatre ou cinq yeux. Si l'arbre pousse vigoureusement, on doit commencer le

[1] Voir figure 1, planche 4.

pincement dans la première quinzaine de juin. En le pratiquant trop tard, on laisse prendre à ce bourgeon une vigueur qu'il est difficile de réprimer, et qui l'empêche de se mettre à fruit. Il ne faut pincer que les bourgeons qui s'emportent, et non tous; comme le pincement ne fait que détourner le cours de la sève sans l'arrêter, celle-ci se répandrait dans les lambourdes qui tendent à se mettre à fruit et les forcerait à se développer en bourgeons à bois. Si l'arbre ne pousse pas vigoureusement, on ne doit le pincer que vers le 15 août.

Après le pincement, on surveille ses résultats pendant l'été; s'il a occasionné un reflux de sève trop considérable, le bourgeon au-dessous peut bien s'emporter à bois; mais, presque toujours, le dard inférieur est préservé de cet excès de sève, il se transforme en lambourde. Si, au contraire, le bourgeon pincé repousse très-vigoureusement sur l'œil le plus élevé, il arrive que le dard inférieur reste stationnaire, et il est alors nécessaire de faire un nouveau pincement vers le 15 août. A cette époque, la sève n'a plus assez de force pour faire repousser un grand nombre de bourgeons; alors il faut pincer toutes les brindilles et bourgeons à trois ou quatre feuilles. L'œil supérieur des bourgeons qui ont été pincés dans le cours de l'été s'est de nouveau développé, il faut le repincer sur le premier œil en descendant, c'est-à-dire sur l'œil au-dessous du premier pincement[1]. Cet œil a déjà été gonflé par le premier pincement, et la coupe que l'on fait de nouveau, appelle la sève sur ce point jusqu'à ce

[1] Voir figure 2, planche 4.

que la plaie soit cicatrisée ; elle s'arrête sur le dernier œil qui termine le pincement et le prépare ainsi à donner un bouton à fruit. Il est facile de comprendre qu'ici le bourgeon supérieur, qui doit être pincé, sert en quelque sorte d'écluse au courant de la sève inférieure que l'on laisse passer, et que les yeux ou dards se transforment peu à peu en lambourdes, si on la fait reculer à leur profit, lorsqu'ils en ont besoin pour leur transformation.

Remarquons, en outre, que le reflux de la sève d'une branche pincée se fait ressentir, quoique avec moins d'énergie, sur les branches inférieures, que dès lors, il est prudent de ne pas pincer toutes les branches d'un arbre le même jour, mais bien à plusieurs reprises, et chaque fois en se bornant à pincer les branches les plus avancées. En agissant autrement, on s'exposerait à apporter un véritable trouble dans la circulation et à compromettre, pour une, ou pour plusieurs années l'avenir des branches à fruit. Je n'admets pas le pincement du 15 juillet en totalité. A cette époque la sève étant dans toute sa vigueur, produit en pinçant, un tel désordre dans l'harmonie de l'arbre, qu'elle fait développer tous les dards ou rosettes en rameaux à bois.

Le pincement est donc à coup sûr, pour la fructification, l'opération qui exige le plus d'attention et d'intelligence, comme elle est aussi la plus importante par ses résultats ; elle fait refluer la sève dans toutes les parties de l'arbre, et toutes les branches de prolongement en profitent.

Taille des poiriers et des pommiers.

La taille des arbres fruitiers a pour but essentiel de leur faire produire le plus de fruits possible sans nuire à la santé des arbres, et d'obtenir ces fruits aussi beaux et aussi bons qu'il soit permis de le désirer.

On arrive à ces résultats en donnant à l'arbre une forme convenable, en constituant une charpente bien équilibrée, et en la garnissant sur toute son étendue de branches à fruit.

La taille se divise donc naturellement en deux séries d'opérations distinctes: la première consiste à tailler les branches à bois de manière à établir une charpente dont les diverses parties, symétriquement disposées, forment ce que l'on appelle palmette, dévidoir, etc.: c'est la taille de la branche à bois. La deuxième consiste à obtenir tout autour des branches de charpente, à des distances égales, de petites branches, uniquement destinées à porter les fruits: c'est la taille de la branche à fruit.

On peut commencer la taille du poirier et du pommier dans la première quinzaine de janvier, si le temps n'est pas froid, et continuer jusqu'au 15 mars; mais on doit éviter de la faire pendant les fortes gelées, ce qui occasionnerait des coupes déchirées et, en outre, pourrait frapper de mort l'extrémité taillée, et compromettre en même temps la vie de l'œil le plus voisin.

Taille des branches charpentières. Pour former un arbre rapidement, n'importe quelle forme, on ne doit tailler les branches charpentières que le moins possible; car, par une taille courte, on fait développer tous les yeux en branches à bois, et par une taille très-longue, les yeux ne se développent qu'en dards, lambourdes ou brindilles. Il arrive quelquefois que, sur le jeune bois des branches du prolongement, tous les yeux se sont tournés à boutons à fruit: dans ce cas, on ne doit pas tailler du tout, et, à la pousse du printemps, aussitôt les fleurs épanouies, on pince l'œil terminal. Il faut remarquer qu'une bourse est toujours munie d'yeux; par le pincement, on ouvre un organe d'appel à la sève, et les yeux partent immédiatement. Sans cette précaution la branche ne se prolongerait pas. Si, cependant, on veut obtenir une bifurcation, il faut tailler au-dessus de l'œil qui doit former la branche de côté.

Taille des branches à fruit. — Si le pincement a été bien exécuté sur toutes les branches fruitières qui se sont développées, presque sur toutes, il y aura des boutons à fruit, principalement sur le pommier; si elles n'en ont pas, cela provient de ce que le dernier œil s'est développé après le pincement, ou est resté en dard; s'il s'est développé, il faut alors le tailler sur le pincement même, en laissant un peu de l'insertion du dernier rameau; mais si c'est un dard ou rosette, il ne faut pas rafraîchir le bout de la branche, car c'est une chose bien importante pour obtenir du fruit; si on taillait le bout de la branche, on ferait un organe d'appel et l'on aurait, sur ce point, une branche à bois. Quelquefois les dards se trouvent placés sur des branches minces ou brindilles allongées, faciles à rompre; elles fournissent peu de sève à leurs dards, qui, dès lors, se transforment facilement en lambourdes; mais aussi, elles ont l'inconvénient, si on les conserve dans toute leur longueur, de n'avoir que de petits fruits rabougris et sans saveur; il est préférable de n'en laisser qu'un ou deux, les plus rapprochés de la branche charpentière.

Si, alors, au lieu de rafraîchir le bout de la branche, on enlève le dernier œil qui la termine, on aura deux branches au lieu d'une seule, parce que l'on forcera ainsi les deux yeux du bas de la branche à se développer.

On ne rafraîchit les branches fruitières que lorsque le petit bout est resté inactif, qu'il est presque sec; on l'excite ainsi à développer un ou deux yeux sur la couronne de l'empâtement.

Il n'y a de bons boutons que ceux qui sont âgés de deux ou trois ans au plus, ce ne sont que ceux-là qui donnent de bons résultats; un trop grand nombre de boutons à fruit sur le même point, nuirait à leur parfait développement; on n'en conserve que deux ou trois, en ayant soin de garder les plus rapprochés des branches-mères ou latérales. Il ne faut pas laisser l'intérieur des arbres se couvrir de longues brindilles, parce qu'elles seraient nuisibles à la circulation de l'air.

Ainsi donc, lorsqu'un arbre est stérile par suite d'une végétation trop vigoureuse, on le met à fruit par les moyens indiqués ci-dessus.

Equilibre de la charpente de l'arbre. Pour obtenir l'équilibre dans la charpente de l'arbre, il faut fortifier les branches faibles et affaiblir les branches fortes.

On arrive à ces résultats par divers moyens. On fortifie une branche faible :

1° En ne la taillant pas, et en laissant l'œil terminal : elle aura ainsi plus de feuilles, et recevra par conséquent plus de sève.

2° En la plaçant dans une direction verticale avec un osier qui la rapprochera d'un tuteur.

3° En fendant légèrement l'écorce d'un bout à l'autre de la branche. Cette incision doit être faite avec la pointe de la serpette ou du greffoir, sans pénétrer dans l'aubier. La circulation de la sève devient ainsi plus libre, parce que l'écorce comprime moins les vaisseaux qui forment le bois et surtout l'aubier.

4° En faisant une incision transversale, appelée aussi entaille, à un ou deux centimètres au-dessus de la branche, avec un instrument tranchant. Cette incision doit avoir environ le tiers de la circonférence de la branche, et trois ou quatre millimètres de largeur [1], afin qu'en interceptant la sève ascendante, on la force à passer en plus grande abondance dans la branche faible. Cette incision faite au printemps, transversalement ou en forme de chevron, au-dessus de l'œil apparent ou latent du poirier, du pommier, et, en général des arbres à fruits à pépins, fait pousser un bourgeon ou un bouton, selon la vigueur de végétation de cet œil. Au bout d'un certain temps la plaie se referme, parce que la sève descendante vient reformer des vaisseaux qui constituent la cicatrice;

[1] Voir fig. 5, pl. 1.

on peut, alors, augmenter l'effet de l'incision en la renouvelant. Cette incision ne saurait, d'ailleurs, produire d'effet qu'autant que l'arbre aurait une certaine vigueur pour arrêter la sève.

On affaiblit une branche forte par des moyens contraires:

1o En la mettant dans une position horizontale.

2o En taillant court: on diminue ainsi le nombre des yeux et par conséquent des feuilles, et la végétation est moins active.

3o En supprimant quelques feuilles, ce qui diminue l'élaboration de la sève, et par conséquent la nutrition.

4o En pratiquant une incision transversale ou entaille au-dessous de la branche, dans son empâtement: la sève ascendante arrêtée par suite de la destruction des vaisseaux par lesquels elle monte, n'alimente plus autant de branches, en laissant porter à la branche, s'il y en a, le plus de fruits possible.

Cerisier en palmette simple.

Planche XVII.

Le cerisier, élevé en palmette, se plaît parfaitement en espalier et en contre-espalier, et est très-facile à diriger; ses produits sont beaux et abondants. Si on prend un sujet de l'année précédente ou de deux ans de greffe, il a toujours des ramifications; on choisit alors, à 30 centimètres de la greffe, les deux branches qui paraissent être le mieux disposées pour former l'aile droite et l'aile gauche; ensuite, on coupe la tige à 20 centimètres environ au-dessus de l'insertion des deux branches, sur un œil de pousse, s'il y en a un; dans le cas contraire, c'est qu'il y a des rameaux, alors, on coupe la tige sur un de ces rameaux que l'on redresse à la place de la tige et que l'on taille sur un œil de devant pour faire le prolongement. Si l'œil terminal des branches latérales n'est pas meurtri, s'il est bien constitué, on ne doit pas le tailler. En ne taillant pas, on hâte la prompte formation de l'arbre; c'est une avance d'une année. Les branches latérales doivent être tenues dans la position du V ouvert, et s'il y a des rameaux autres que ceux destinés à former la charpente de l'arbre, on les taille à deux yeux de leur insertion.

Si l'arbre que l'on plante a des ramifications trop éloignées ou s'il en est dépourvu, on le tourne de manière qu'il ait un œil de pousse à droite et un à gauche, à 20 centimètres de la greffe. Au printemps, quand la sève est en circulation et que les yeux commencent à gonfler, on taille la tige sur un œil au-dessus de ces deux yeux, en ayant soin de mettre un peu de cire à greffer sur la plaie. Dans le cours de l'été, on pince les rameaux qui se développent trop fortement; il faut excepter de cette opération, les deux branches latérales. Au printemps suivant, on taille la tige à 25 centimètres des deux premières branches, sur un œil de devant ou de derrière. Sur le talon d'un pincement ou d'une coupe, il y a toujours une couronne d'yeux; en taillant ou en pinçant sur ce point et sur un œil de devant ou de derrière, les yeux stipulaires se développent, l'un à droite et l'autre à gauche, et donnent ainsi un nouvel étage de branches. Il ne faut pas tailler les deux premières branches latérales; si l'une est plus forte que l'autre, on doit abaisser la plus forte et tenir la plus faible presque verticale, jusqu'à ce qu'elles soient d'égale force. Les branches fruitières et celles qui ont pris trop d'empâtement doivent être taillées. Dans le cours de l'été, on pince la tige à 10 centimètres au-dessus de la dernière coupe pour forcer les yeux à émettre les bourgeons qui doivent donner les secondes branches latérales. On pratique aussi le pincement sur les rameaux qui poussent trop fortement; sans cela, ils absorberaient une partie de la sève nécessaire à la fructification, et feraient périr les branches fruitières. Si, malgré ce pincement, la tige poussait fortement, on la repincerait à 10 centimètres du dernier pincement; en faisant un nouvel étage de branches, la sève se porterait abondamment dans la partie supérieure de l'arbre, et abandonnerait les branches inférieures, ce qui serait fort nuisible à la formation de la palmette. Ainsi donc, point d'étage supérieur avant que les autres soient bien formés.

Au printemps suivant, on taille la tige à 15 centimètres au-dessus de la dernière coupe, c'est-à-dire entre les deux pincements. En général, lorsqu'on veut obtenir un nouvel étage de branches, on taille ou l'on pince sur ce point; si l'on a pincé, on taille à 5 centimètres au-dessus pour forcer les yeux à se développer, et, si l'on a taillé, on pince comme il est indiqué plus haut.

Quand la place que l'on destine à l'arbre est remplie, on arque les branches en montant, et lorsqu'elles se joignent, on les greffe en arc-boutant l'une sur le talon de l'arcure de l'autre.

Des maladies et insectes qui nuisent aux arbres.

DE LA CLOQUE.

Cette maladie, qu'il ne faut pas confondre avec une autre qui a beaucoup d'analogie avec celle-ci et qui est causée par les pucerons, a ordinairement pour cause les brusques variations de la température, les pluies froides et les vents arides. Elle se montre principalement sur les arbres qui sont à l'exposition du sud-ouest, et que l'on n'a pas eu soin de protéger par l'abri des auvents. Ce qui est une nouvelle preuve à l'appui de ce que nous disons plus haut de l'exposition de l'est, qui est si favorable au pêcher, et qui le met toujours à l'abri de la cloque et très-souvent des pucerons. Dès qu'on remarque quelques feuilles cloquées, c'est-à-dire tachées de rouille, crispées et boursoufflées, le meilleur remède est de couper avec la serpette tout ce que chaque feuille a de malade, en laissant attachée au pétiole toute la partie saine. Si un bourgeon était entièrement atteint, on devrait, sans hésiter, le supprimer, de crainte que le mal ne fît trop de ravages. Ces précautions pourraient bien ne pas suffire si, dès le début de la maladie, la protection des auvents ne venait au secours.

DE LA GOMME.

La gomme attaque les arbres à noyau. Elle consiste dans la sécrétion d'un liquide gommeux qui déchire et dessèche l'écorce et occasionne ainsi la mort de la branche. Elle a souvent pour cause une taille trop courte ou des pincements trop sévères qui gênent la circulation de la sève et la concentrent sur le même point en trop grande abondance; d'autres fois, elle vient de la compression exercée par l'écorce dure et sèche des vieux arbres sur les vaisseaux de la circulation; l'incision longitudinale la fait disparaître. Quant à l'ulcère produit par la gomme, il faut enlever très-proprement avec le greffoir ou la serpette tout le bois et toute l'écorce malades, et recouvrir la plaie avec du mastic à greffer.

DU BLANC, MEUNIER OU LÈPRE.

C'est une espèce de moisissure blanchâtre, attaquant les feuilles, les bourgeons et fruits. Les pêchers exposés à l'est sont les plus sujets à cette maladie, qui se propage rapidement. Dès son début, il faut, par un temps calme, au coucher du soleil, mouiller les feuilles atteintes et les saupoudrer de fleur de soufre; on renouvelle cette opération tous les huit jours, s'il en reparaît. C'est de juin jusqu'en août que cette maladie se déclare ordinairement.

PLAIES.

Toutes les plaies des arbres, soit fraîches et vives, soit vieilles ou constituant les *chancres,* doivent être traitées de la même manière: enlever avec un instrument bien tranchant toute l'écorce et tout le bois déchirés ou malades, et recouvrir la plaie de mastic ou d'onguent de Saint-Fiacre.

MOUSSES.

Les mousses et les lichens des arbres sont facilement détruits par un badigeonnage à la chaux pratiqué au commencement de l'hiver; au printemps la chaux tombe avec les mousses; si l'écorce est vieille et formée de plaques rugueuses, séparées par des crevasses, où se logent les insectes, il faut les enlever jusqu'au liber, partout où il y en a, au commencement du printemps, et puis, recouvrir tous les points du liber dénudé avec de la terre argileuse détrempée.

KERMÈS OU PUNAISES.

Ces insectes, qui ont le corps ovale et aplati, sont gros et rouges après qu'ils se sont formés sous les feuilles. Quand on les voit se répandre sur les branches de l'arbre, on brosse fortement les parties où l'on a vu de ces insectes, ainsi que le mur contre lequel l'arbre est dressé. Si on n'a pas pris cette précaution en hiver, on s'aperçoit mieux de leur présence au mois de mai; il faut alors gratter l'écorce de l'arbre au moyen d'une petite palette de bois taillée en forme de lame de couteau; par ces moyens on détruit les mères et leur progéniture. Il est d'autant plus important de détruire les punaises qu'elles attirent les mouches, les pucerons et les fourmis.

DES PUCERONS.

Ces petits insectes, trop connus, causent des dommages notables par leur effrayante multiplicité; ils piquent avec leur trompe les jeunes bourgeons du pêcher ainsi que des autres arbres dont les feuilles prennent diverses formes contournées et se couvrent d'une liqueur mielleuse, qui y attire les fourmis en grand nombre. Si l'on n'y prend garde, le mal gagnera toutes les parties de l'arbre, qui s'épuisera par une grande déperdition de sève. Aussitôt que l'on remarque quelques feuilles crispées, il faut prendre de l'esprit-de-vin, avec un pinceau et en frotter les feuilles attaquées par les pucerons. Ce procédé réussit fort bien. Mais si, faute de surveillance, on a laissé envahir l'arbre en grande partie : ce qui réussit le mieux dans ce cas-ci, ce sont les aspersions faites avec des décoctions épaisses de tabac que l'on infuse pendant 48 heures dans l'eau froide; ensuite on passe cette eau dans un tamis assez fin pour que le tabac soit retenu, et à l'aide d'une brosse, ou d'un balai à main, qu'on trempe dans cette eau, on asperge bien les feuilles et toutes les parties de l'arbre où se trouvent des pucerons.

DES PUCERONS LANIGÈRES.

Cet insecte est particulier aux pommiers qu'il fait périr promptement. Il s'introduit sous l'écorce et cause des glandes ou mamelons sur lesquels il vit. Pendant l'hiver une partie se cache en terre autour du collet de la racine. Quand on veut le combattre, il faut déchausser l'arbre pour l'atteindre partout où il se trouve, car il remonte au printemps. Quand on en remarque sur les feuilles d'un arbre, on doit imbiber celui-ci d'esprit-de-vin avec un pinceau, une seule fois suffit. Le poirier est sujet aussi à une espèce de pucerons; dès que l'on remarque quelques feuilles crispées, on doit se hâter de les détruire comme il est indiqué ci-dessus.

NOMENCLATURE

DES PRINCIPALES VARIÉTÉS DE FRUITS.

PÊCHERS.

Le pêcher se greffe sur amandier et prunier sauvages. Ceux greffés sur prunier conviennent aux terrains froids et humides, et à la terre franche et argileuse. On doit préférer sur amandier pour terre franche peu humide, les terres légères, alumineuses et sablonneuses.

Le pêcher se plante particulièrement en espalier : les expositions du midi lui conviennent le mieux, mais il peut, au besoin, parfaitement se placer au levant et au couchant. La plantation se fait de préférence en automne; on ne doit choisir que des sujets vigoureux à écorce vive, lisse et saine, et avoir soin de leur laisser les racines aussi longues que possible.

NOMS DES ESPÈCES ET VARIÉTÉS.	ÉPOQUE de MATURITÉ.	VOLUME DES FRUITS.	QUALITÉ DES FRUITS.
PÊCHERS.			
Belle de Doué	Mi-août.	Assez gros.	Bon.
Grosse mignonne.	Fin août.	Gros.	Très-bon.
Grosse mignonne hâtive	1er août.	Gros.	Idem.

NOMS DES ESPÈCES ET VARIÉTÉS.	ÉPOQUE de MATURITÉ.	VOLUME DES FRUITS.	QUALITÉ DES FRUITS.
Noblesse Seedling	Mi-août.	Gros.	Bon.
Belle Bausse.	1er sept.	Idem.	Très-bon.
Belle de Vitry (fertile)	1er sept.	Idem.	Idem.
Gallante ou Bellegarde	1er sept.	Moyen.	Idem.
Madeleine rouge	1er sept.	Gros.	Idem.
Reine des Vergers	Fin sept.	Idem.	Bon.
Cardinale à chair rouge	Octobre.	Très-gros.	Idem.
Bourdine	Fin sept.	Gros.	Idem.
Pourprée tardive.	1er octobre.	Idem.	Idem.
Admirable jaune	Octobre.	Idem.	Idem.
Chevreuse tardive (Bonouvrier) .	Octobre.	Idem.	Très-bon.
ABRICOTIERS.			
Abricot Angoumois	1er juillet.	Gros.	Bon.
— Royal	Fin juillet.	Idem.	Très-bon.
— Alberge	Août.	Moyen.	Bon.
— de Nancy, abricot-pêche.	Août.	Gros.	Très-bon.
— Gros Saint-Jean	Juillet.	Gros.	Idem.
— Commun.	Fin juillet.	Idem.	Bon.

POIRIERS.

Le poirier est le roi des arbres fruitiers. Ses productions embellissent nos jardins et nos tables, en même temps qu'elles sont l'objet d'un commerce avantageux. Son port et sa vigueur, la variété et la beauté de ses fruits, leur saveur agréable et leur maturation successive, lui assurent une large place dans toutes les plantations.

Les variétés de poiriers, si nombreuses et si différentes, ne sont point astreintes au même régime : à celle-ci, il faut le plein air, à celle-là, l'espalier; l'une réclame le soleil, l'autre en redoute les effets.

Le poirier se greffe sur franc ou sur coignasier, selon que le terrain est sec ou humide, léger ou gras, profond ou non, etc.

Le poirier greffé sur franc vit plus longtemps; sur coignasier, il fructifie plus promptement.

NOMS DES ESPÈCES ET VARIÉTÉS.	ÉPOQUE de MATURITÉ.	VOLUME DES FRUITS.	QUALITÉ DES FRUITS.
POIRIERS.			
Doyenné de juillet ou d'été . .	Juillet.	Petit.	Bon.
Epargne ou Cuisse-Madame . .	Fin juillet.	Moyen.	Très-bon.
Beurré Giffard.	Juillet.	Moyen.	Idem.
Duchesse de Berry d'été. . . .	Août.	Idem.	Bon.
Bon Chrétien William's	Septembre.	Gros.	Très-bon.

NOMS DES ESPÈCES ET VARIÉTÉS.	ÉPOQUE de MATURITÉ.	VOLUME DES FRUITS.	QUALITÉ DES FRUITS.
Jalousie de Fontenay	Septembre.	Moyen.	Très-bon.
Beurré d'Amanlis.	Idem.	Gros.	Bon.
Beau présent d'Artois	Idem.	Idem.	Idem.
Louise bonne d'Avranches . . .	Idem.	Assez gros.	Très-bon.
Beurré Capiaumont	Octobre.	Moyen.	Bon.
— d'Apremont	Idem.	Gros.	Très-bon.
— Goubault	Fin sept.	Moyen.	Idem.
— Superfin	Octobre.	Idem.	Idem.
— Hardy	Idem.	Gros.	Bon.
Duchesse d'Angoulême	Idem.	Très-gros.	Idem.
Colmar d'Aremberg.	Idem.	Gros.	Idem.
Seigneur (Espéren)	Idem.	Moyen.	Très-bon.
Van Mons.	Novembre.	Gros.	Idem.
Bon Chrétien Napoléon	Idem.	Très-gros.	Idem.
Triomphe de Jodoigne.	Idem.	Gros.	Bon.
Beurré Piquery	Idem.	Moyen.	Très-bon.
— Glairgeau	Idem.	Très-gros.	Bon.
Epine Dumas	Idem.	Moyen.	Idem.
Beurré Gris.	Octobre.	Gros.	Très-bon.
Bergamotte Crassane	Décembre.	Assez gros.	Idem.
Saint-Germain d'hiver.	Idem.	Gros.	Idem.
Beurré Diel ou magnifique . . .	Idem.	Idem.	Bon.
— d'Hardenpont d'Aremb. .	Idem.	Idem.	Très-bon.

NOMS DES ESPÈCES ET VARIÉTÉS.	ÉPOQUE de MATURITÉ.	VOLUME DES FRUITS.	QUALITÉ DES FRUITS.
Bonne de Malines	Décembre.	Petit.	Très-bon.
Beurré Millet	Janvier.	Moyen.	Idem.
Passe Colmar	Idem.	Idem.	Idem.
Joséphine de Malines	Idem.	Idem.	Bon.
Doyenné d'Alençon	Février.	Idem.	Idem.
Bergamotte Fortunée	Mars.	Idem.	Idem.
Colmar Epineux ou Colmar de mars.	Idem.	Assez gros.	Idem.
Bon Chrétien de Rans.	Février.	Gros.	Bon.
Doyenné d'hiver ou Bergamotte.	Avril.	Idem.	Idem.
Beurré Bretonneau	Mai.	Moyen.	Idem.
Prince Albert	Avril.	Idem.	Idem.
Royal d'hiver	Mars.	Idem.	Idem.
Poires à cuire.			
Belle Angevine, extra gros.			
Catillac, très-gros.			
Martin sec, fruit moyen.			
Bon Chrétien d'hiver.			

NOMS DES ESPÈCES ET VARIÉTÉS.	ÉPOQUE de MATURITÉ.	VOLUME DES FRUITS.	QUALITÉ DES FRUITS.
POMMIERS.			
Le pommier se greffe sur franc, sur paradis ou sur Doucin, selon la nature et la qualité du terrain.			
Api Rose (hiver)	Hiver.	Petit.	Bon.
Reinette du Canada.	Idem.	Gros.	Très-bon.
— de Bretagne	Idem.	Idem.	Bon.
Calville Blanche d'hiver	Idem.	Idem.	Idem.
— Rose.	Idem.	Moyen.	Idem.
Belle Dubois.	Automne.	Très-gros.	Idem.
— Joséphine ou ménagère. .	Janvier.	Moyen.	Idem.
Gloria Mundi	Février.	Gros.	Idem.
Roi d'Angleterre.	Mars.	Idem.	Idem.
Cadeau du Général	Décembre.	Idem.	Très-bon.
CERISIERS.			
Le cerisier se greffe sur Merisier et sur Ste-Lucie ou Nerprun.			
Anglaise hâtive de Hollande . .	Mi-juin.		
Belle de Cloisy	1er juillet.		
Montmorency à courte queue . .	Mi-juin.		
Reine Hortense	1er juillet.		
Cygne précoce	Fin mai.		
Impératrice Eugénie	Mi-juin.		

TABLE DES MATIÈRES.

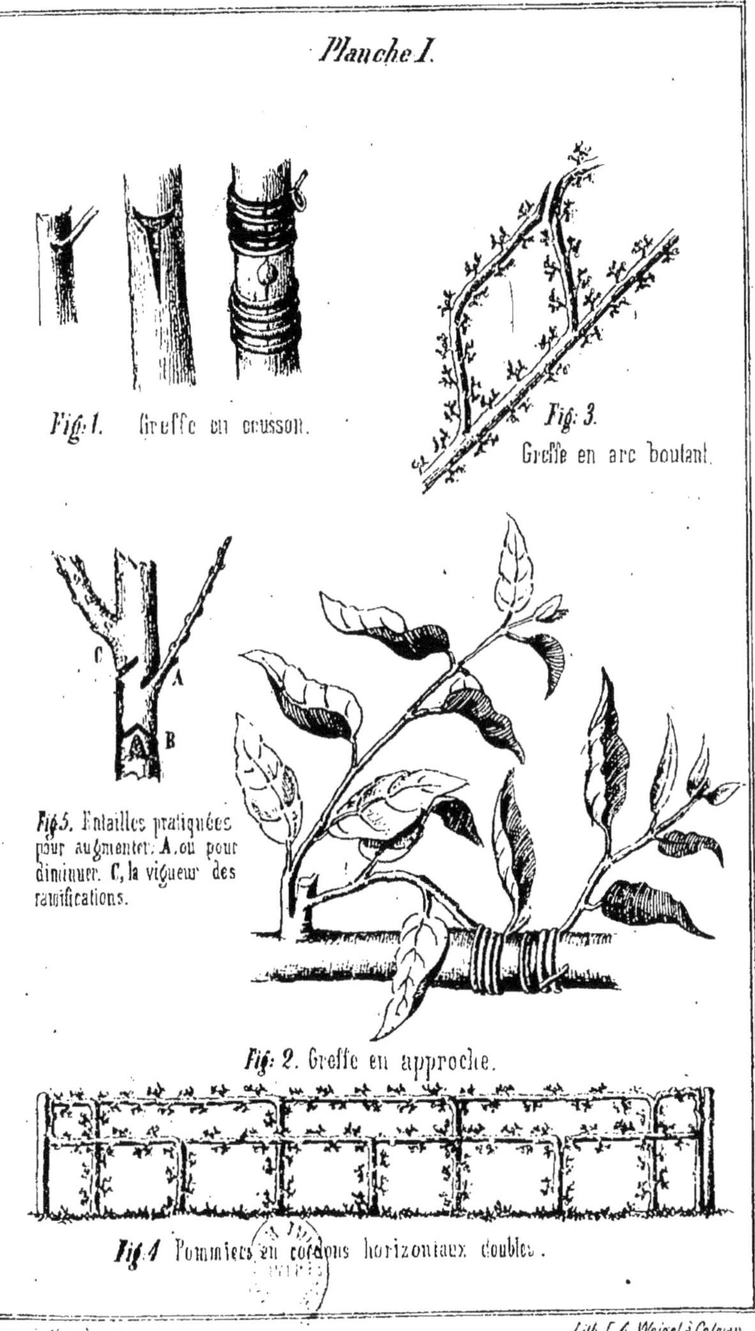
Planche I.
Fig. 1. Greffe en écusson.
Fig. 3. Greffe en arc boutant.
C
A
B
Fig. 5. Entailles pratiquées pour augmenter: A, ou pour diminuer. C, la vigueur des ramifications.
Fig. 2. Greffe en approche.
Fig. 4 Pommiers en cordons horizontaux doubles.
Dessiné d'après nature
Lith. F. A. Weigel à Colmar.

Planche I.

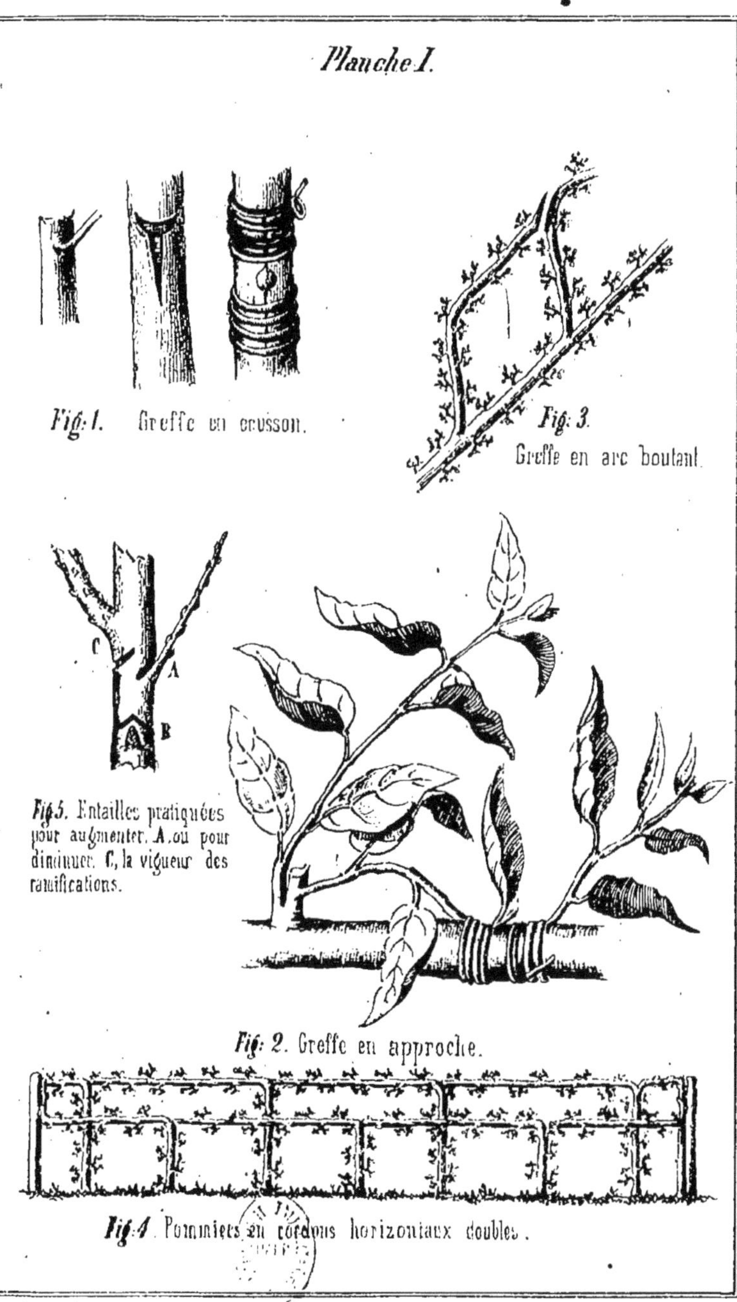

Fig. 1. Greffe en écusson.

Fig. 3. Greffe en arc boutant.

Fig. 5. Entailles pratiquées pour augmenter, A, ou pour diminuer, C, la vigueur des ramifications.

Fig. 2. Greffe en approche.

Fig. 4. Pommiers en cordons horizontaux doubles.

Dessiné d'après nature

Lith. F. A. Weigel à Colmar.

Planche III.

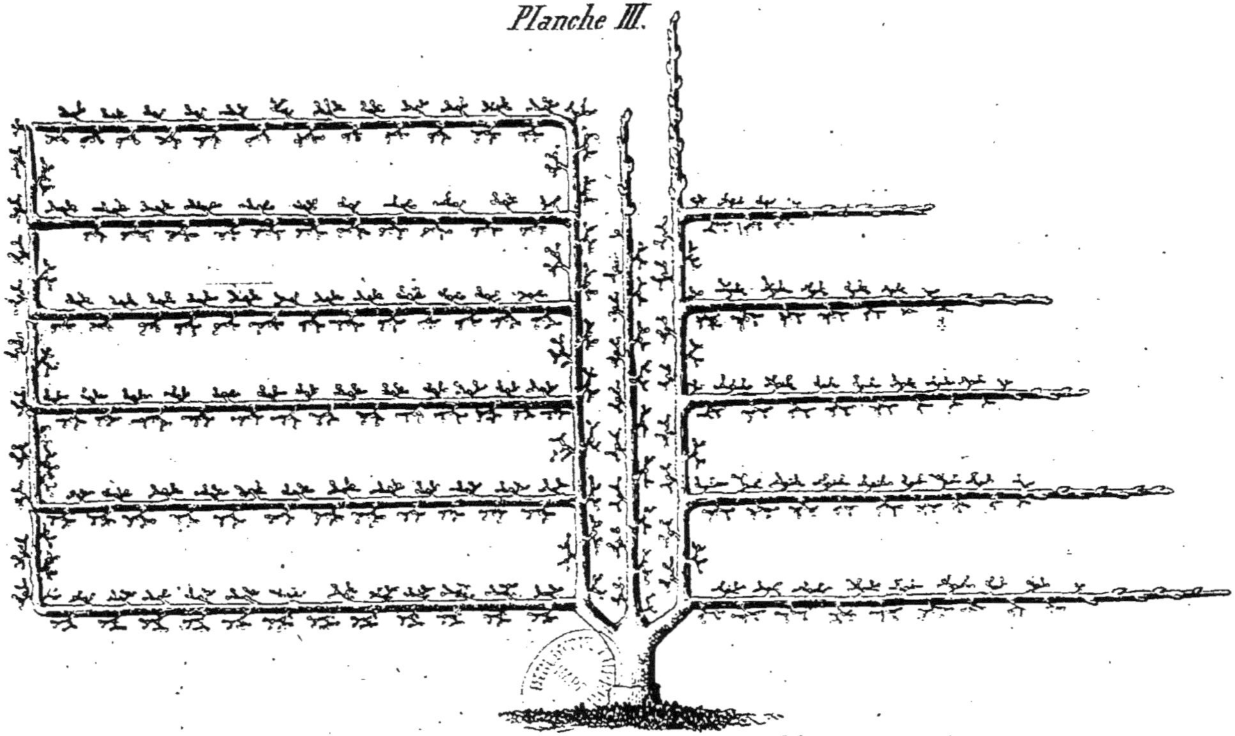

Pêcher en palmette double.

Dessiné d'après nature.

Lith. F. A. Weizel à Colmar.

Planche IV.

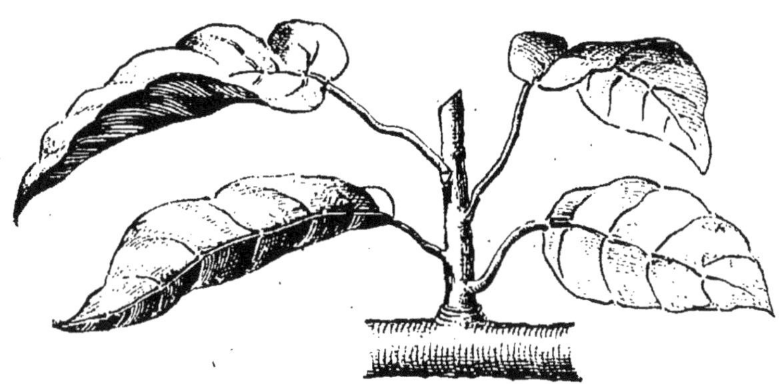

Fig: 1. 1er pincement

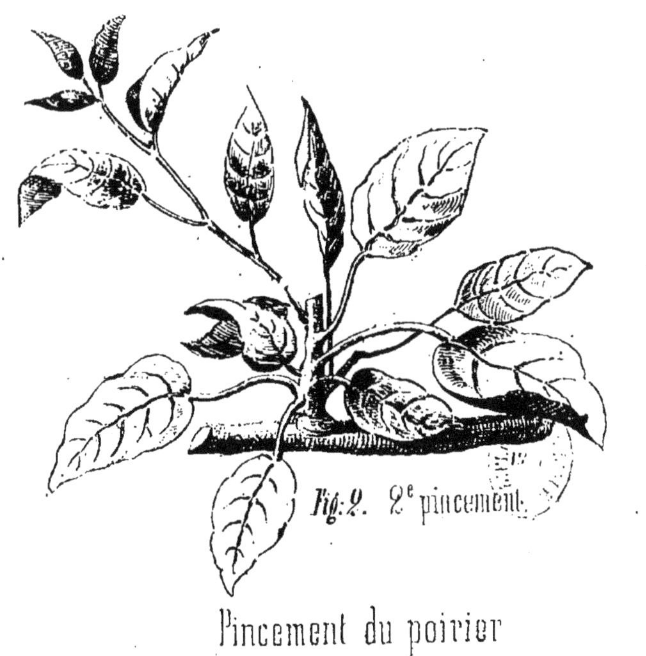

Fig: 2. 2e pincement.

Pincement du poirier

Dessiné d'après nature.

Lith. F. A. Weigel à Colmar.

Planche V.

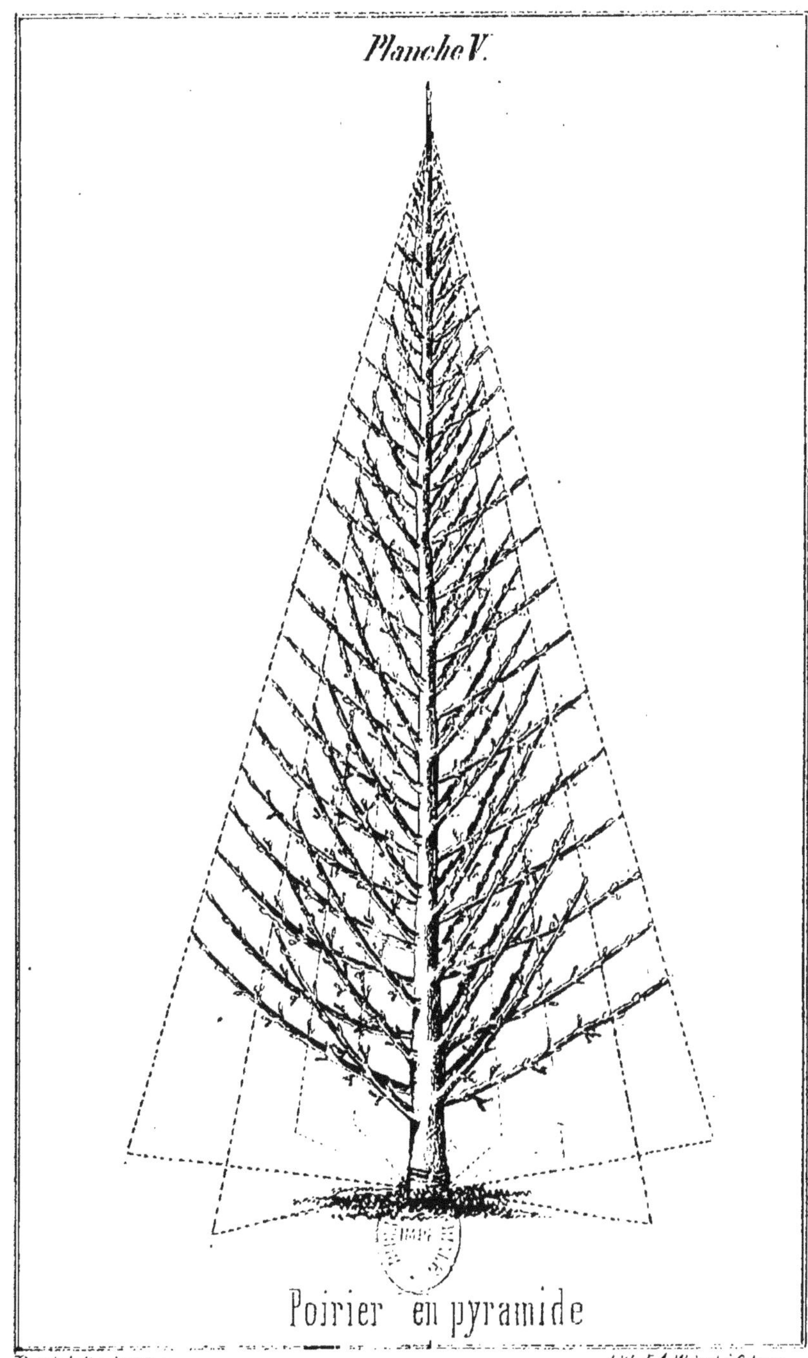

Poirier en pyramide

Dessiné d'après nature. Lith. F. A. Weigel à Colmar.

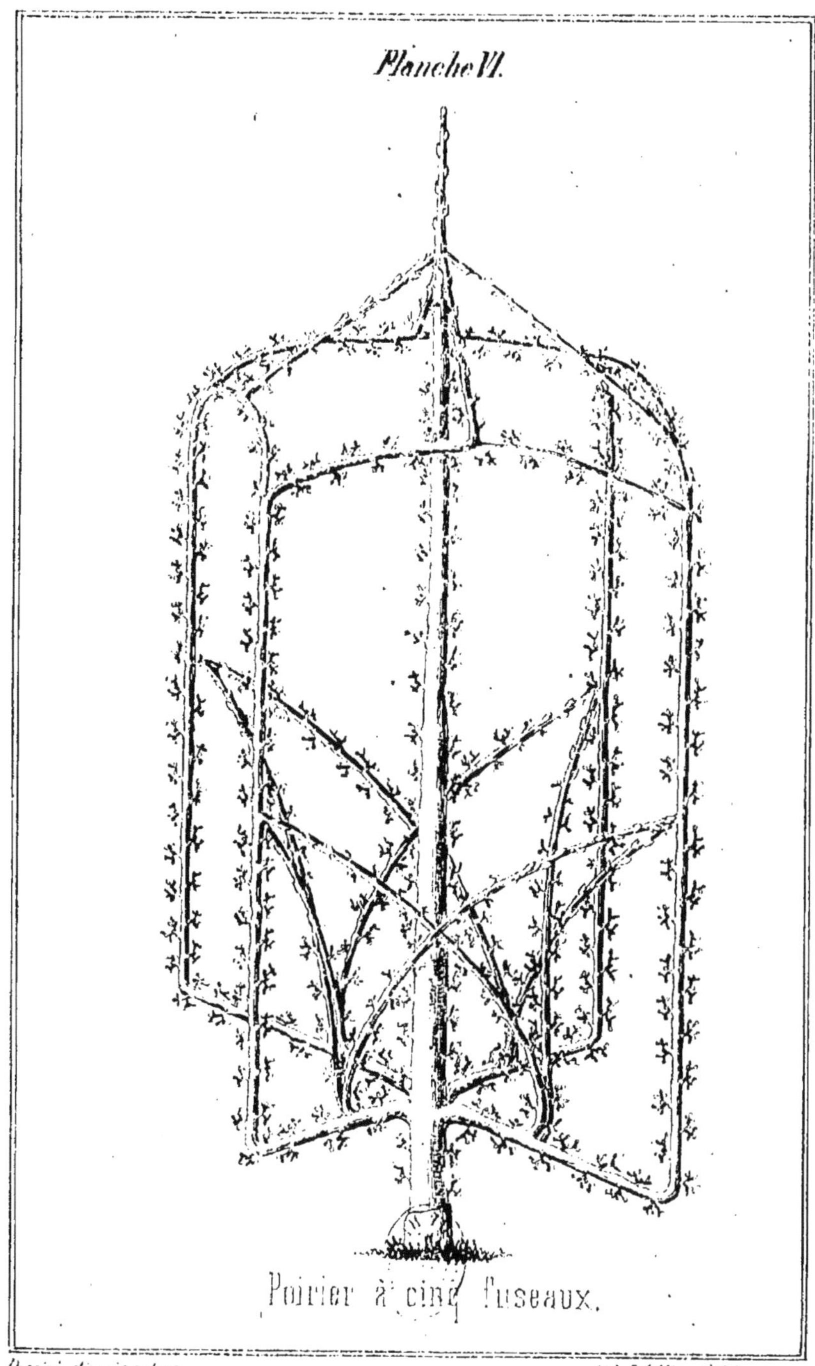

Poirier à cinq fuseaux.

Dessiné d'après nature.

Lith. F. A. Weigel à Colmar.

Planche VII.

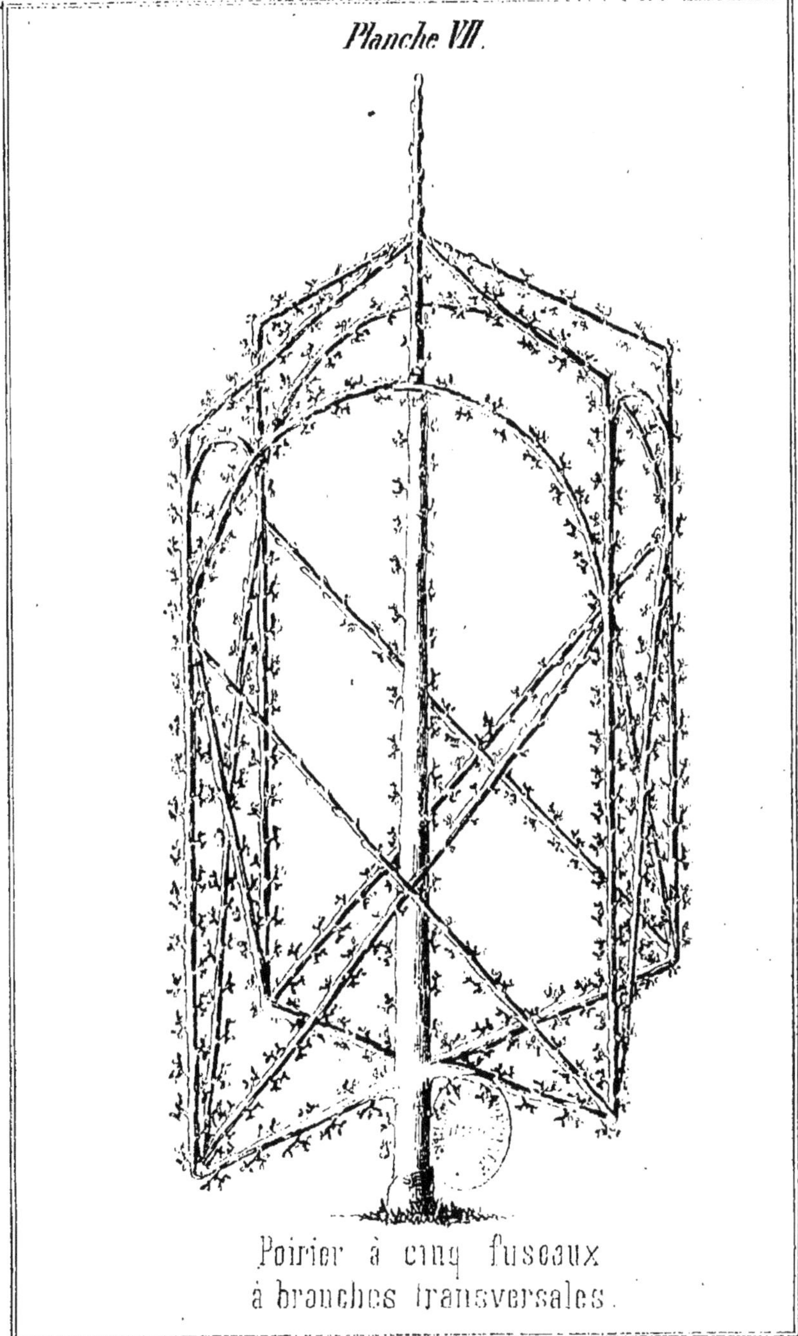

Poirier à cinq fuseaux
à branches transversales.

Dessiné d'après nature

Lith. J. A. Weigel à Colmar

Planche VIII.

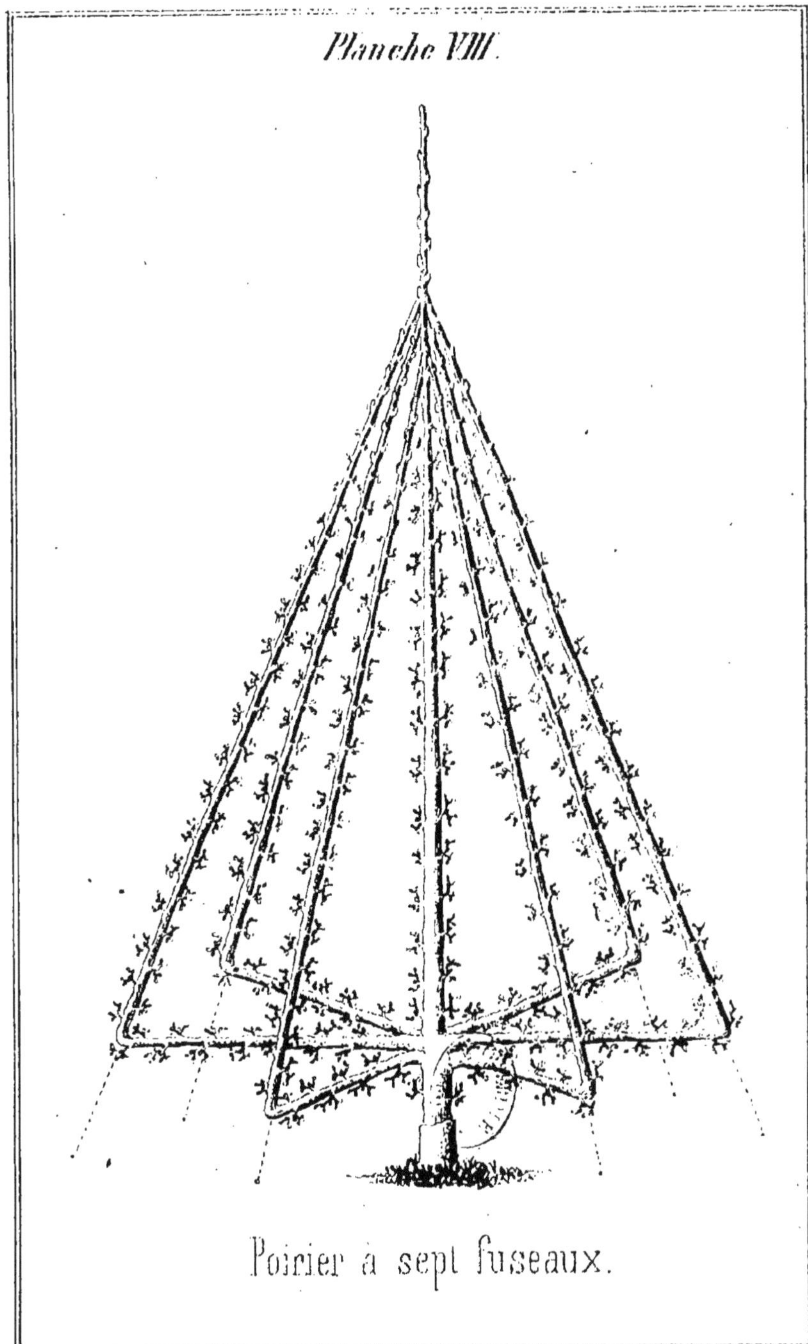

Poirier à sept fuseaux.

Dessiné d'après nature — *Lith. J. A. Weigel à Colmar*

Planche IX.

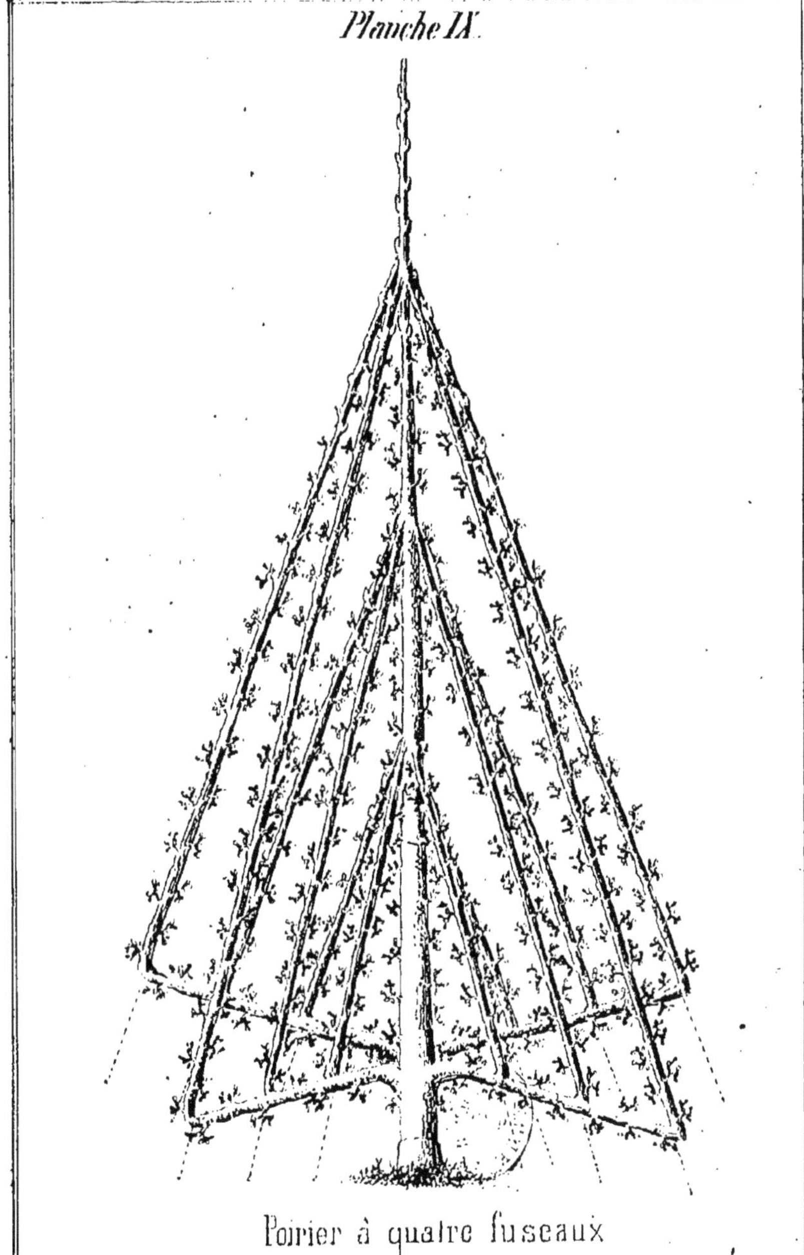

Poirier à quatre fuseaux
avec branches obliques au centre.

Dessiné d'après nature | *Lith. A. Weigel, Colmar.*

Planche X.

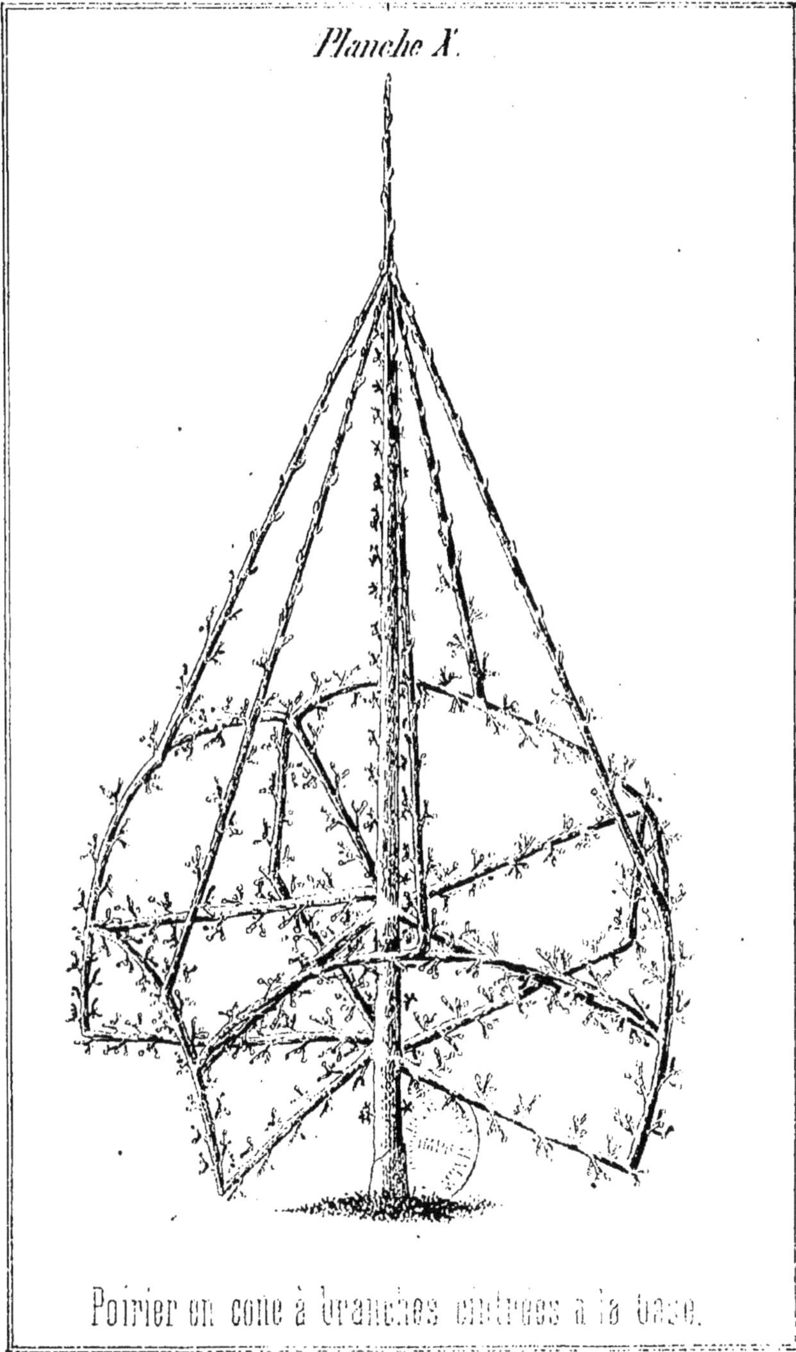

Poirier en cone à branches cintrées à la base.

Dessiné d'après nature

Lith. [illegible]

Planche XI

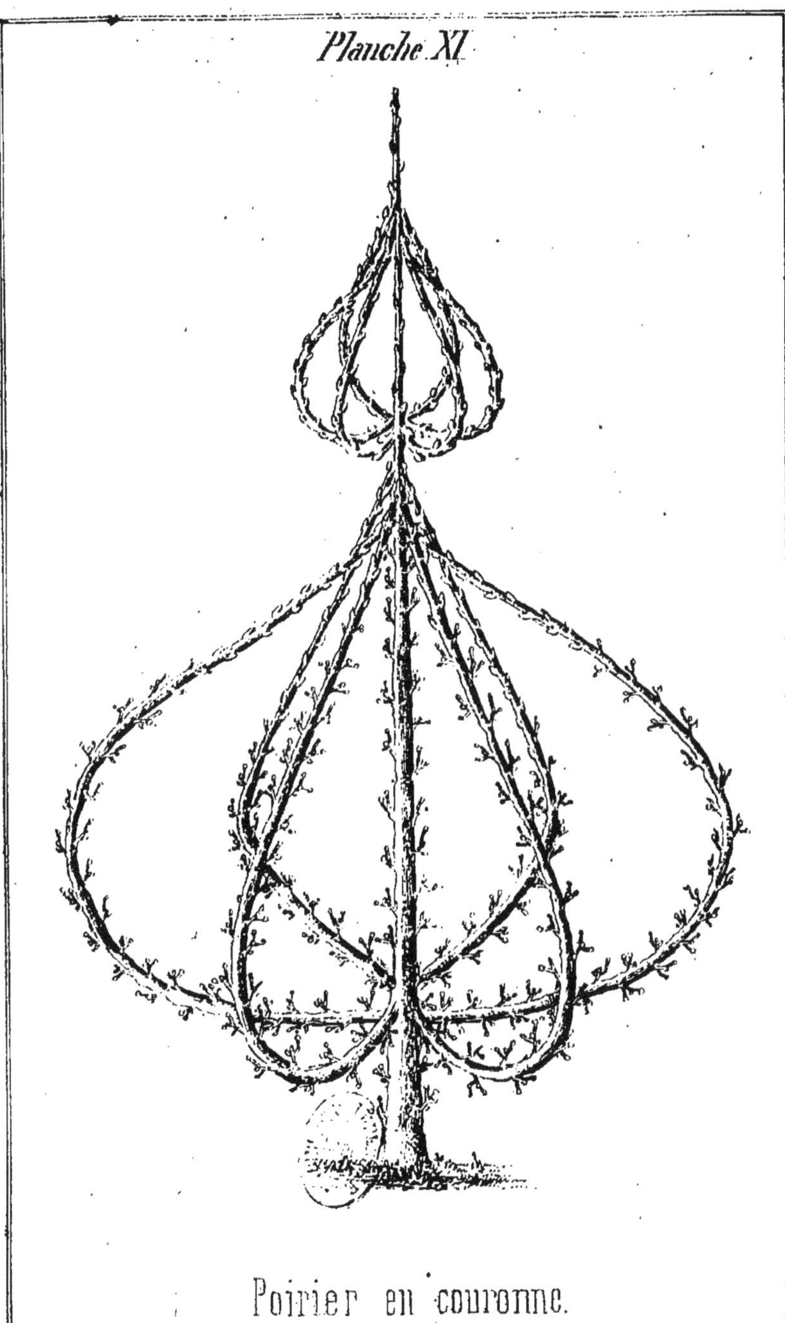

Poirier en couronne.

Dessiné d'après nature.

Lith. F.A. Weigel à Colmar.

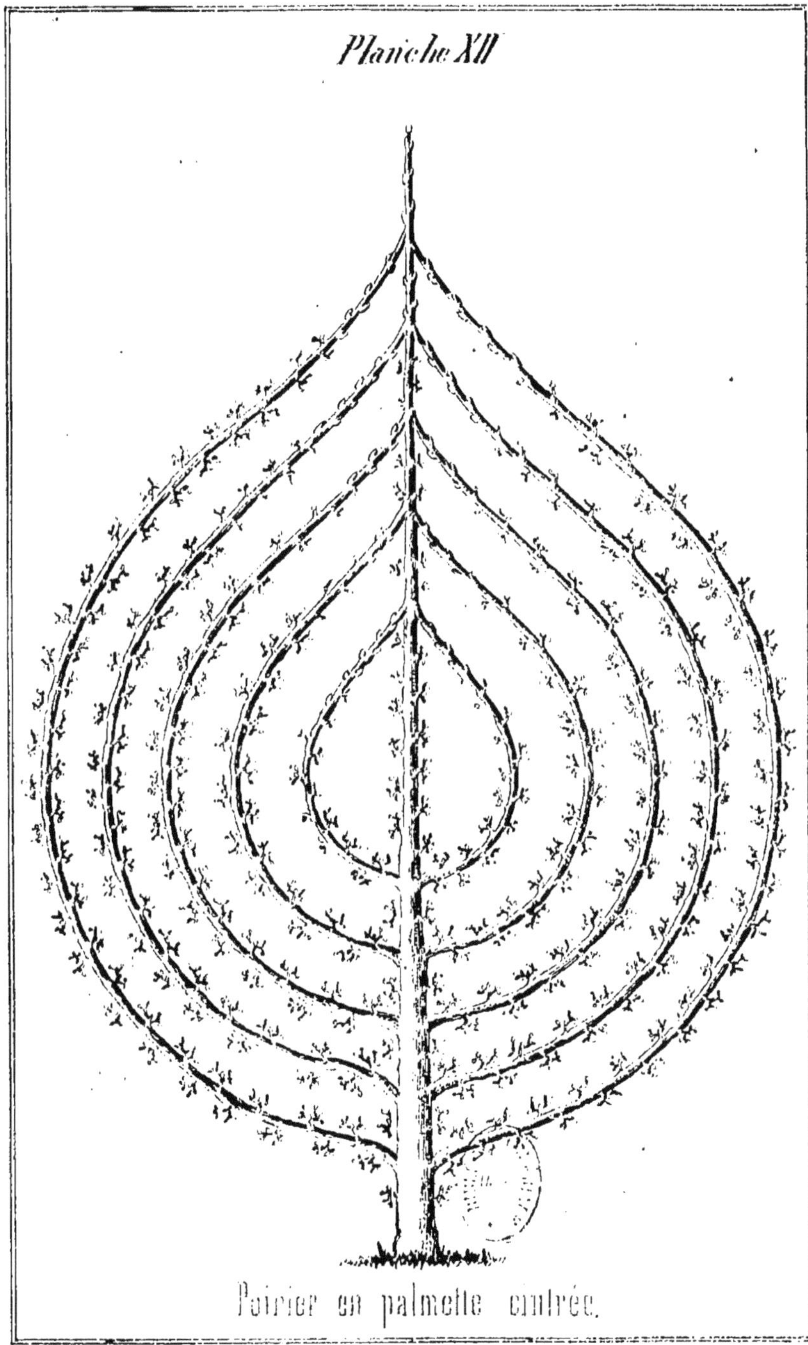

Planche XII

Poirier en palmette cintrée.

Dessiné d'après nature. Lith. J. A. Weigel à Colmar.

Planche XIII

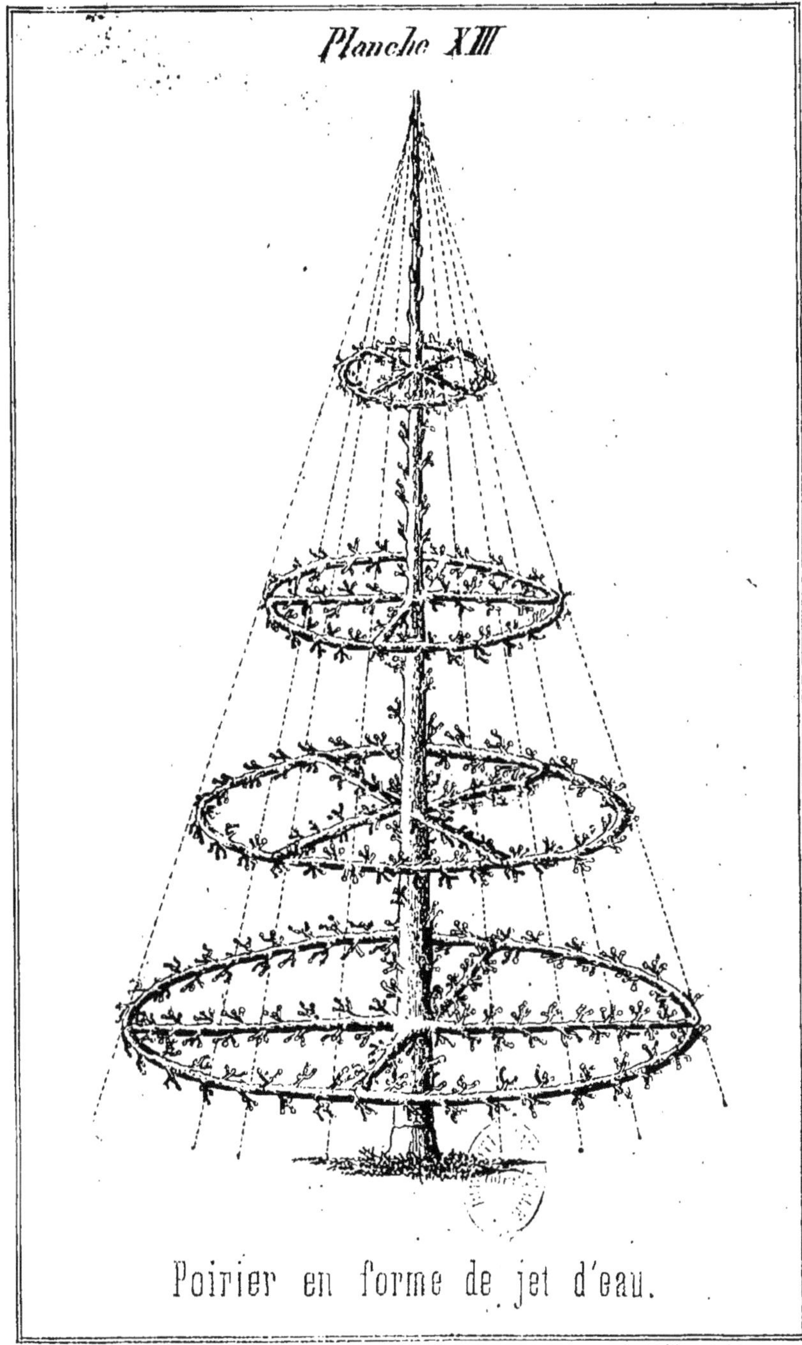

Poirier en forme de jet d'eau.

Dessiné d'après nature. Lith F.A. Weigel à Colmar.

Planche XIV

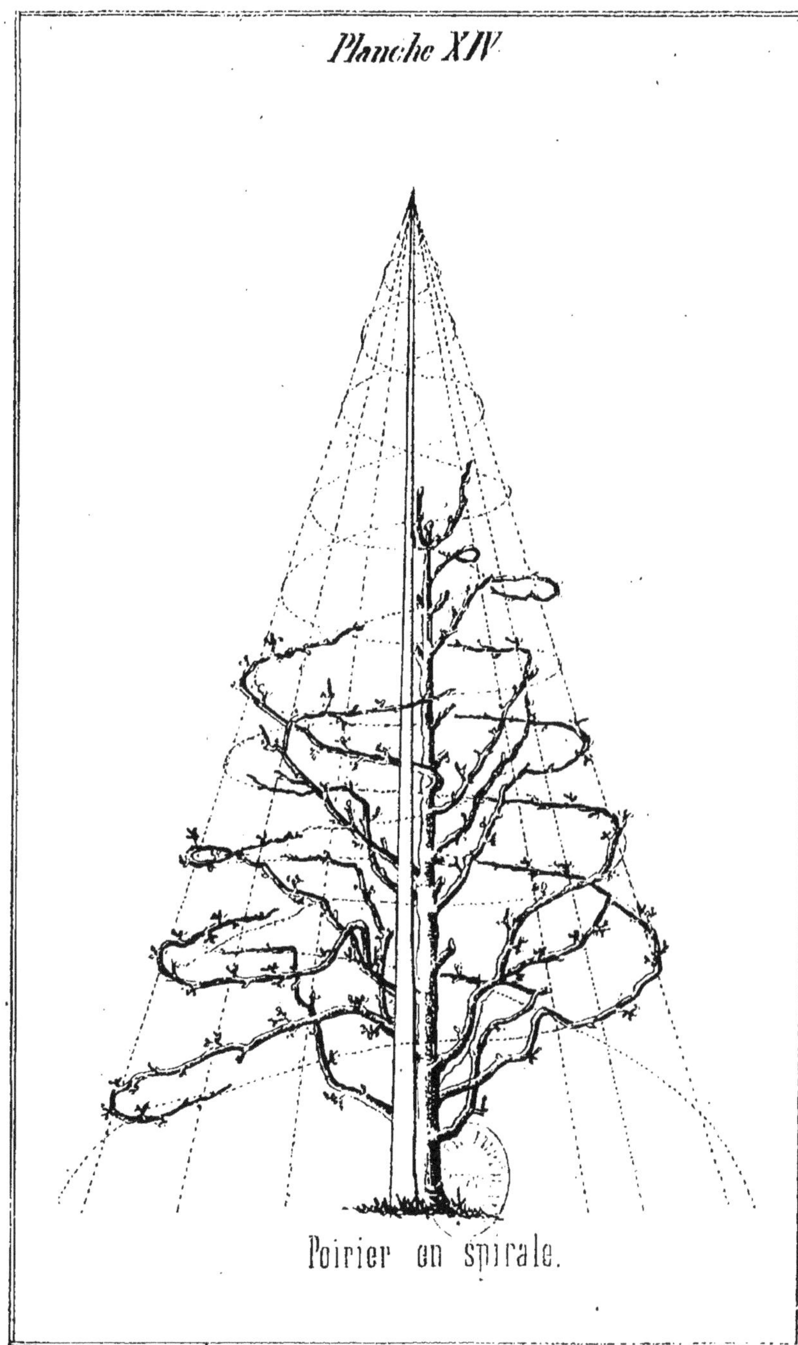

Poirier en spirale.

Dessiné d'après nature. *Lith. F. A. Weigel à Colmar.*

Planche XV

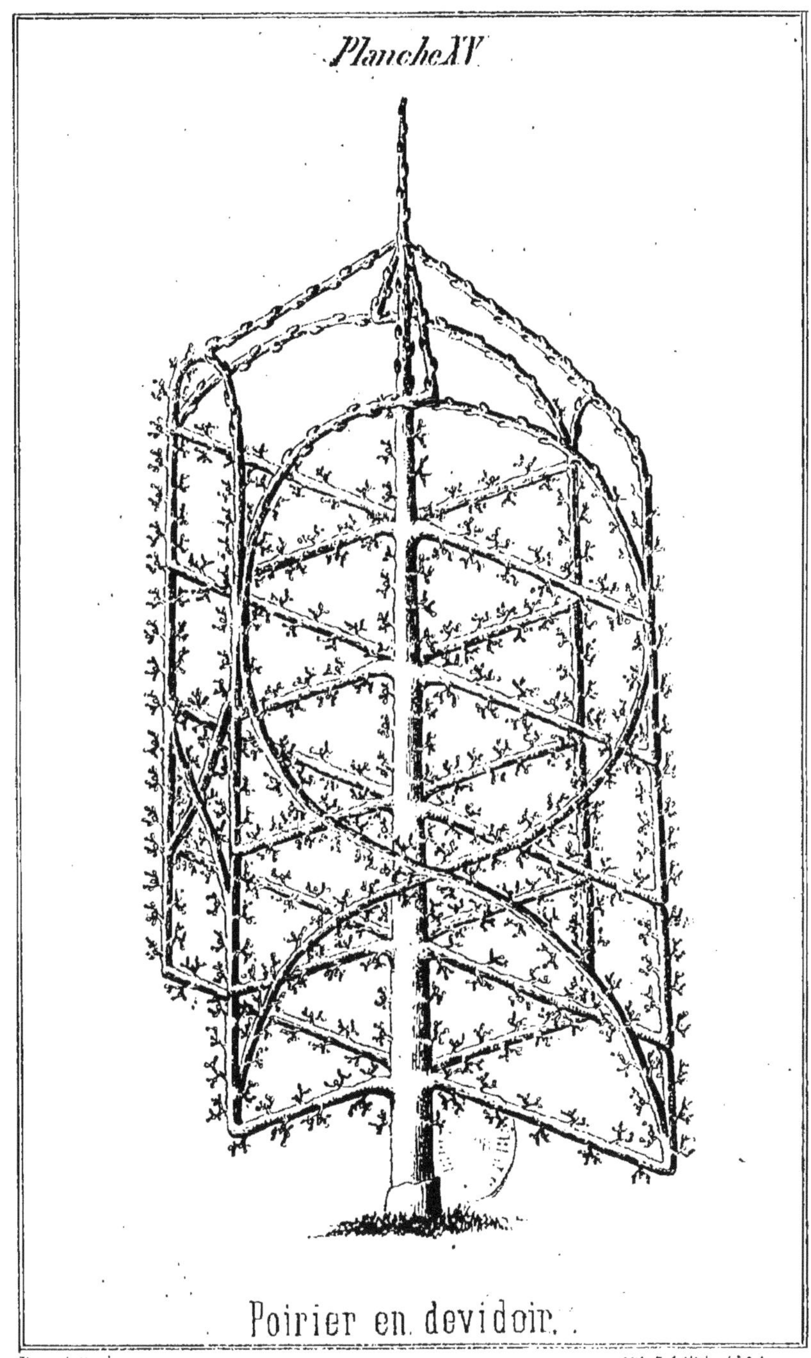

Poirier en devidoir.

Dessiné d'après nature

Lith. F. A. Weigel à Colmar.

Planche XVI

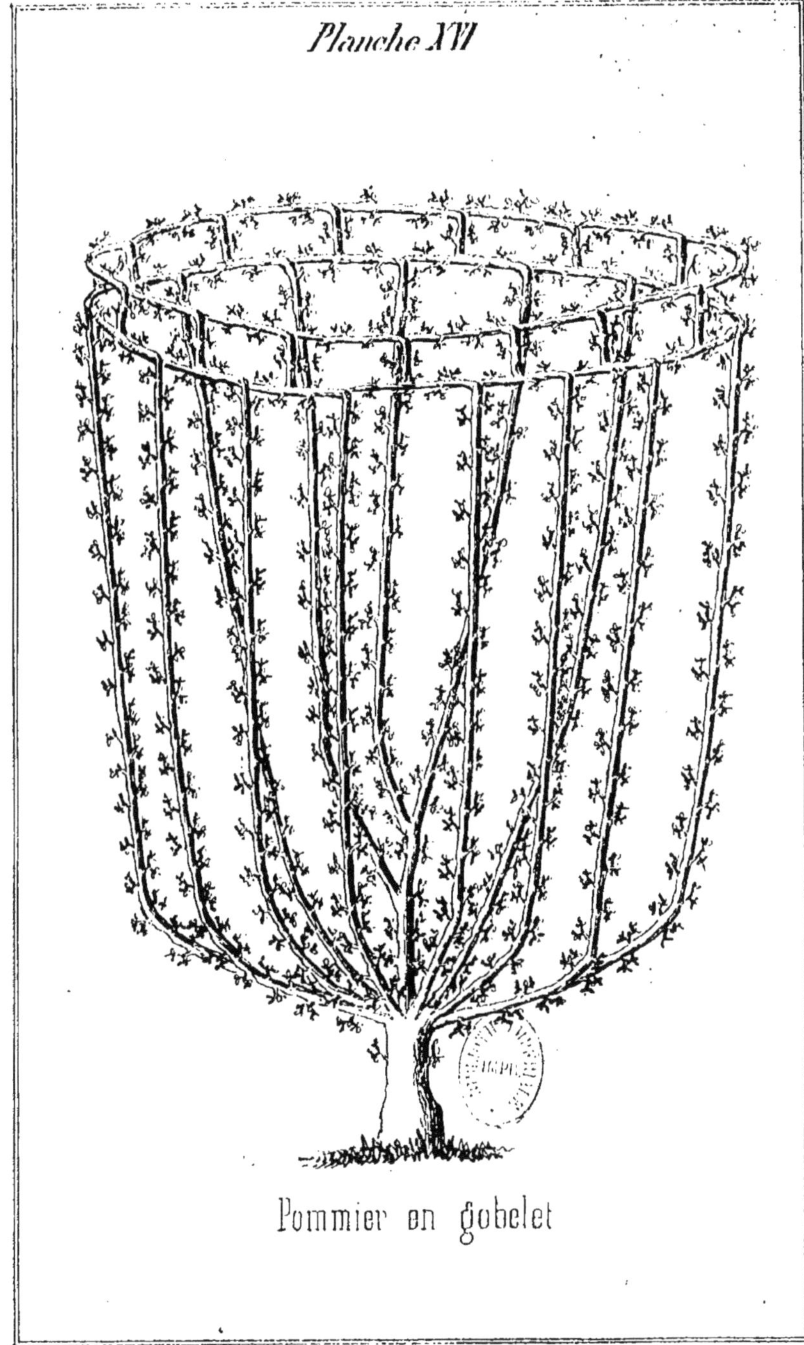

Pommier en gobelet

Dessiné d'après nature

Lith. F.A. Weigel à Colmar.

Planche XVII.

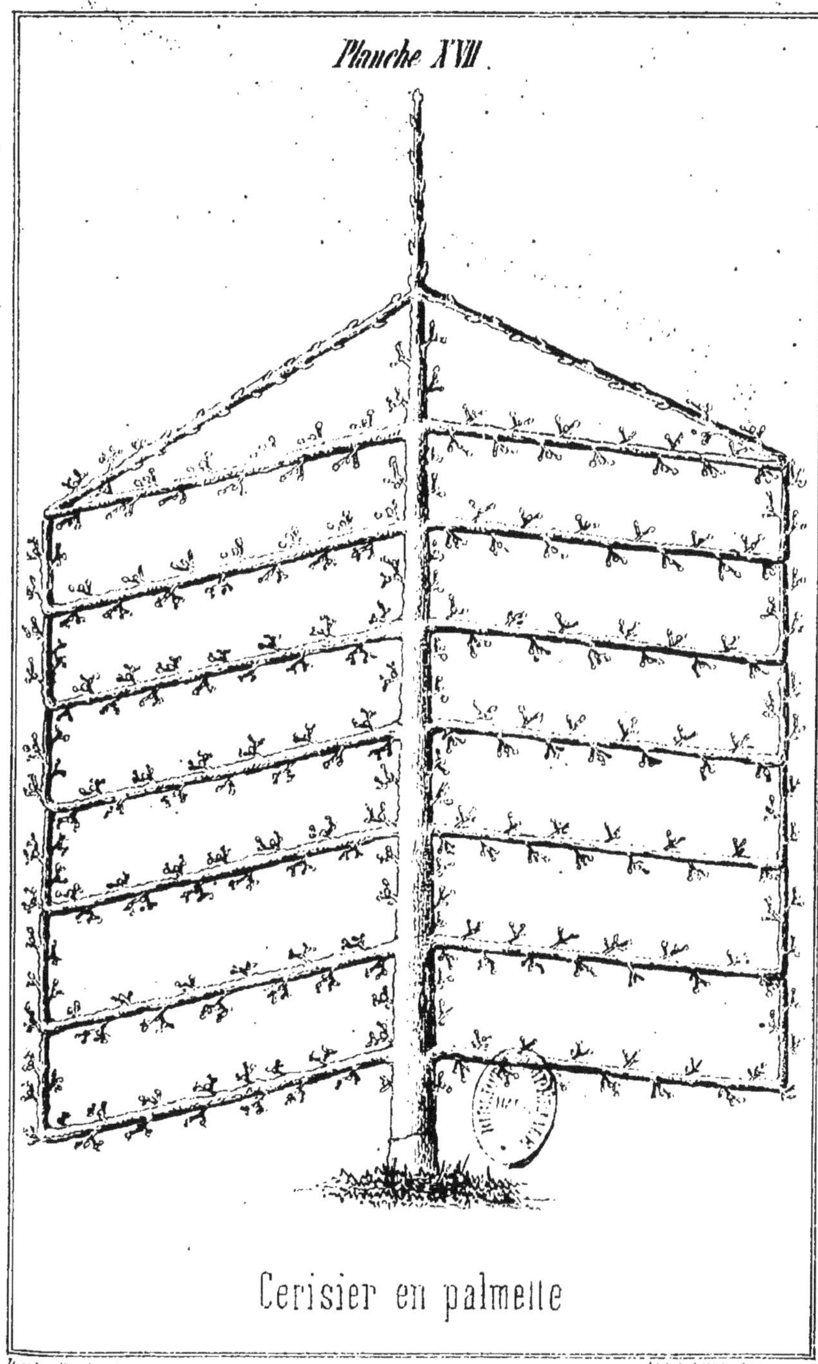

Cerisier en palmette

Dessiné d'après nature. Lith. F. A. Weigel à Colmar.

www.ingramcontent.com/pod-product-compliance
Ingram Content Group UK Ltd.
Pitfield, Milton Keynes, MK11 3LW, UK
UKHW012237240726
13966UKWH00003B/1135

9 782011 912244